"十三五"江苏省高等学校重点教材(编号:2016-2-062)

高等职业教育系列教材

光伏发电系统设计、施工与运维

主　编　詹新生　张江伟

副主编　丁　菊

参　编　孙爱侠

U0274893

机械工业出版社

本书是"十三五"江苏省高等学校重点教材,由徐州工业职业技术学院、江苏艾德太阳能科技有限公司共同编写。本书主要内容包括某校园3.6kW离网光伏发电系统设计、施工与运维,家用3kW分布式光伏发电系统设计、施工与运维,某校园1.5MW光伏发电系统设计、施工与运维,1MW集中式光伏发电系统设计、施工与运维4个项目。

本书可作为高等职业院校光伏发电技术及相关专业的教材,还可供从事光伏发电技术的专业人员参考使用。

本书配有授课电子课件,需要的教师可登录www.cmpedu.com免费注册,审核通过后下载,或联系编辑索取(微信:15910938545,电话:010-88379739)。

图书在版编目(CIP)数据

光伏发电系统设计、施工与运维/詹新生,张江伟主编 .—北京:机械工业出版社,2017.8(2024.2重印)

高等职业教育系列教材

ISBN 978-7-111-57357-9

Ⅰ.①光… Ⅱ.①詹… ②张… Ⅲ.①太阳能发电-系统工程-系统设计-高等职业教育-教材②太阳能发电-电力系统运行-高等职业教育-教材③太阳能发电-电力系统-维修-高等职业教育-教材 Ⅳ.①TM615

中国版本图书馆CIP数据核字(2017)第186311号

机械工业出版社(北京市百万庄大街22号 邮政编码100037)

策划编辑:和庆娣 责任编辑:和庆娣

责任校对:张 征 责任印制:单爱军

北京虎彩文化传播有限公司印刷

2024年2月第1版第5次印刷

184mm×260mm ·12印张·285千字

标准书号:ISBN 978-7-111-57357-9

定价:39.90元

电话服务

客服电话:010-88361066

010-88379833

010-68326294

网络服务

机 工 官 网:www.cmpbook.com

机 工 官 博:weibo.com/cmp1952

金 书 网:www.golden-book.com

机工教育服务网:www.cmpedu.com

封底无防伪标均为盗版

高等职业教育系列教材
电子类专业编委会成员名单

出 版 说 明

党的二十大报告首次提出"加强教材建设和管理",表明了教材建设国家事权的重要属性,凸显了教材工作在党和国家事业发展全局中的重要地位,体现了以习近平同志为核心的党中央对教材工作的高度重视和对"尺寸课本、国之大者"的殷切期望。教材作为教育目标、理念、内容、方法、规律的集中体现,是教育教学的基本载体和关键支撑,是教育核心竞争力的重要体现。建设高质量教材体系,对于建设高质量教育体系而言,既是应有之义,也是重要基础和保障。为落实立德树人根本任务,发挥铸魂育人实效,机械工业出版社组织国内多所职业院校(其中大部分院校入选"双高"计划)的院校领导和骨干教师展开专业和课程建设研讨,以适应新时代职业教育发展要求和教学需求为目标,规划并出版了"高等职业教育系列教材"丛书。

该系列教材以岗位需求为导向,涵盖计算机、电子信息、自动化和机电类等专业,由院校和企业合作开发,由具有丰富教学经验和实践经验的"双师型"教师编写,并邀请专家审定大纲和审读书稿,致力于打造充分适应新时代职业教育教学模式、满足职业院校教学改革和专业建设需求、体现工学结合特点的精品化教材。

归纳起来,本系列教材具有以下特点:

1)充分体现规划性和系统性。系列教材由机械工业出版社发起,定期组织相关领域专家、院校领导、骨干教师和企业代表开展编委会年会和专业研讨会,在研究专业和课程建设的基础上,规划教材选题,审定教材大纲,组织人员编写,并经专家审核后出版。整个教材开发过程以质量为先,严谨高效,为建立高质量、高水平的专业教材体系奠定了基础。

2)工学结合,围绕学生职业技能设计教材内容和编写形式。基础课程教材在保持扎实理论基础的同时,增加实训、习题、知识拓展以及立体化配套资源;专业课程教材突出理论和实践相统一,注重以企业真实生产项目、典型工作任务、案例等为载体组织教学单元,采用项目导向、任务驱动等编写模式,强调实践性。

3)教材内容科学先进,教材编排展现力强。系列教材紧随技术和经济的发展而更新,及时将新知识、新技术、新工艺和新案例等引入教材;同时注重吸收最新的教学理念,并积极支持新专业的教材建设。教材编排注重图、文、表并茂,生动活泼,形式新颖;名称、名词、术语等均符合国家有关技术质量标准和规范。

4)注重立体化资源建设。系列教材针对部分课程特点,力求通过随书二维码等形式,将教学视频、仿真动画、案例拓展、习题试卷及解答等教学资源融入到教材中,使学生学习课上课下相结合,为高素质技能型人才的培养提供更多的教学手段。

由于我国高等职业教育改革和发展的速度很快,加之我们的水平和经验有限,因此在教材的编写和出版过程中难免出现疏漏。恳请使用本系列教材的师生及时向我们反馈相关信息,以利于我们今后不断提高教材的出版质量,为广大师生提供更多、更适用的教材。

机械工业出版社

前　言

光伏产业是一个潜力无限的新兴产业，在追求低碳社会的今天，人们越来越重视清洁的、可再生能源——太阳能的开发和利用，光伏技术和光伏产业也越来越受到世界各国的重视。编者为了满足高等职业教育发展的要求，提升光伏发电技术类专业学生的光伏发电理论知识、实践操作技能和职业综合素质，编写了此书，全书包括某校园3.6kW离网光伏发电系统设计、施工与运维，家用3kW分布式光伏发电系统设计、施工与运维，某校园1.5MW光伏发电系统设计、施工与运维，1MW集中式光伏发电系统设计、施工与运维4个项目。

本书具有以下特色。

1）本书具有"三真"特色，即真实的项目实例、真实的建设过程、真正的行业（职业）标准。

2）校企合作共同编写，与生产对接，实用性强。所有项目均来自企业真实的案例，参编人员有丰富的光伏发电系统建设经验；编写中还参考了企业操作规程、企业质量管理和验收标准，以保证符合企业和太阳能利用行业标准和技术规范。

3）采用"项目－任务"的模式组织教学内容，体现"任务引领"的职业教育教学特色。

4）按照行业领域工作过程的逻辑确定教学单元，从系统设计、系统施工到系统运维，教学内容完整且符合工程实际。

5）虚拟与真实结合。书中既有系统硬件设计、设备选型，也有软件仿真。

6）图文并茂，以图代文、以表代文，以符合学生认识规律，提高本书的可读性。

7）从职业（岗位）需求分析入手，确定知识目标和能力目标，精选书中内容，切实落实"管用、够用、适用"的教学指导思想。

本书由徐州工业职业技术学院的教师和江苏艾德太阳能科技有限公司的工程技术人员共同编写。其中项目1由詹新生和张江伟共同编写，项目2、项目4由詹新生编写，项目3由丁菊整理编写，附录由张江伟编写。江苏省铜山中等专业学校孙爱侠绘制本书的电路图、示意图，并对仿真图、实物图等进行优化处理。全书由詹新生统稿。本书在编写过程中得到了徐州工业职业技术学院的领导、同事及江苏艾德太阳能科技有限公司领导、相关技术人员的大力支持，湖南科比特新能源科技股份有限公司、江苏固德威电源科技股份有限公司、许继新能源电气有限公司、海盐海迈建筑工程技术有限公司、杭州帷盛太阳能科技有限公司、上海安科瑞电气股份有限公司等提供了相关技术资料，参考了刘锦山编写的PVsyst使用手册，在编写的过程中，编者还参阅了大量的论著和文献以及互联网提供的资料，在此一并向这些作者表示衷心的感谢。

本书可作为高等职业院校光伏发电技术及相关专业的教材，还可供从事光伏发电技术的专业人员参考使用。

由于编者水平有限，书中不足之处在所难免，诚恳希望广大读者提出宝贵意见，以便进一步修改和完善。

编　者

目　录

出版说明
前言
项目1　某校园 3.6kW 离网光伏发电系统
　　设计、施工与运维 ……………… 1
　任务 1.1　3.6kW 离网光伏发电系
　　　　　　统设计 …………………… 1
　　1.1.1　离网光伏发电系统简介 …… 1
　　1.1.2　离网光伏发电系统的设计内容、原则
　　　　　　及步骤 ………………………… 2
　　1.1.3　离网光伏发电系统的设计过程 …… 3
　　1.1.4　3.6kW 离网光伏发电系统设计 …… 33
　　1.1.5　3.6kW 离网光伏发电系统
　　　　　　设计仿真 ……………………… 37
　任务 1.2　3.6kW 离网光伏发电系统施工 …… 70
　　1.2.1　光伏组件支架安装 …………… 70
　　1.2.2　光伏组件安装 ………………… 71
　　1.2.3　光伏汇流箱安装 ……………… 72
　　1.2.4　蓄电池安装 …………………… 73
　　1.2.5　光伏控制器安装 ……………… 74
　　1.2.6　光伏逆变器安装 ……………… 75
　任务 1.3　3.6kW 离网光伏发电系统
　　　　　　运维 …………………………… 77
　　1.3.1　光伏发电系统运行前检查 …… 77
　　1.3.2　光伏发电系统运行前测试 …… 78
　　1.3.3　光伏发电系统运行操作 ……… 80
　　1.3.4　光伏发电系统停机操作 ……… 81
　　1.3.5　光伏发电系统运行性能测试 …… 81
　　1.3.6　光伏发电系统维护 …………… 82
　　1.3.7　光伏发电系统常见故障及排除 …… 82
　习题 …………………………………… 82

项目2　家用 3kW 分布式光伏发电
　　系统设计、施工与运维 ……… 83
　任务 2.1　家用 3kW 分布式光伏发电
　　　　　　系统设计 …………………… 83
　　2.1.1　并网光伏发电系统简介 ……… 83
　　2.1.2　分布式光伏发电简介 ………… 84
　　2.1.3　家用屋顶分布式光伏发

电系统设计 …………………… 85
　　2.1.4　家用 3kW 分布式光伏发
　　　　　　电系统设计 ……………… 90
　任务 2.2　家用 3kW 分布式光伏发
　　　　　　电系统施工 ……………… 94
　　2.2.1　光伏组件安装 ……………… 94
　　2.2.2　光伏逆变器安装 …………… 94
　　2.2.3　双向计量电能表连接 ……… 97
　任务 2.3　家用 3kW 分布式光伏发电
　　　　　　系统运维 ………………… 98
　　2.3.1　系统运行 …………………… 98
　　2.3.2　系统停机 …………………… 99
　　2.3.3　系统能效分析 ……………… 99
　　2.3.4　系统维护 …………………… 101
　　2.3.5　系统常见故障检修 ………… 102
　习题 ………………………………… 102

项目3　某校园 1.5MW 光伏发电系统
　　设计、施工与运维 …………… 103
　任务 3.1　1.5MW 光伏发电系统设计 … 103
　　3.1.1　项目设计依据 ……………… 103
　　3.1.2　项目概况 …………………… 104
　　3.1.3　光伏组件布置 ……………… 105
　　3.1.4　建筑围栏结构体系 ………… 107
　　3.1.5　并网方案设计 ……………… 107
　　3.1.6　并网系统其他方面设计 …… 110
　　3.1.7　主要产品、部件及性能参数 … 112
　任务 3.2　1.5MW 光伏发电系统施工 … 114
　　3.2.1　光伏组件安装 ……………… 114
　　3.2.2　光伏逆变器安装 …………… 119
　任务 3.3　1.5MW 光伏发电系统运维 … 124
　　3.3.1　系统运行调试 ……………… 124
　　3.3.2　系统维护 …………………… 128
　　3.3.3　系统能效分析 ……………… 129
　习题 ………………………………… 131

项目4　1MW 集中式光伏发电系统
　　设计、施工与运维 …………… 132
　任务 4.1　1MW 光伏发电系统设计 …… 132

4.1.1　电站选址 ┈┈┈┈┈┈ 132

4.1.2　光伏组件阵列排布设计 ┈┈┈ 135

4.1.3　直流汇流设计 ┈┈┈┈┈ 139

4.1.4　光伏逆变器选型 ┈┈┈ 140

4.1.5　交流配电柜选型 ┈┈┈ 144

4.1.6　光伏电站中变压器选型 ┈┈┈ 146

4.1.7　计算机监控系统设计 ┈┈┈ 148

4.1.8　接地及防雷系统设计 ┈┈┈ 149

4.1.9　1MW 光伏发电系统设计过程 ┈ 149

任务 4.2　1MW 光伏发电系统施工 ┈┈ 154

4.2.1　光伏阵列支架安装 ┈┈┈ 154

4.2.2　光伏组件安装 ┈┈┈ 159

4.2.3　直流汇流箱安装 ┈┈┈ 160

4.2.4　光伏逆变器安装 ┈┈┈ 160

任务 4.3　1MW 光伏发电系统运维 ┈┈ 160

4.3.1　系统调试前检测 ┈┈┈ 160

4.3.2　系统调试 ┈┈┈ 161

4.3.3　系统运行 ┈┈┈ 162

4.3.4　系统维护 ┈┈┈ 162

习题 ┈┈┈┈┈┈┈┈┈ 164

附录　PVsyst 6 软件简介 ┈┈┈┈ 165

参考文献 ┈┈┈┈┈┈┈┈┈ 182

项目1 某校园3.6kW离网光伏发电系统设计、施工与运维

任务要求

徐州市位于东经116°22′~118°40′、北纬33°43′~34°58′，年均太阳总辐射量可达5000MJ/(m²·a)，年日照时数为2284~2495h，属于资源较丰富区。现需在徐州工业职业技术学院校内建设一离网光伏发电系统（为主楼南广场路灯供电），直流系统工作电压为48V，设负载功率$P=2.88\text{kW}$，负载工作电压为单相交流220V，平均每天用电时间为3.5h，连续阴雨天气下连续工作时间为2天，光伏组件阵列面峰值日照时数取4.5h，光伏阵列水平方位角选择正南方向。①完成太阳能光伏组件、蓄电池、控制器和逆变器等设备选型，要有具体设计或计算过程及选型依据，并通过网络查询相关型号、技术参数；②完成系统施工、运行、维护方案。

任务1.1 3.6kW离网光伏发电系统设计

1.1.1 离网光伏发电系统简介

离网光伏发电系统也叫作独立光伏发电系统，广泛应用于偏僻山区、无电区、海岛、通信基站和路灯等应用场所。离网光伏发电系统结构示意图如图1-1所示，主要由太阳能电池组件、控制器和储能装置（蓄电池、超级电容器等）组成，若要为交流负载供电，则还需要配置交流逆变器。其工作原理是，白天在太阳光的照射下，太阳能电池组件产生的直流电一部分被直流或交流负载直接消耗，剩余部分通过蓄电池或其他储能装置进行存储；当阳光不足或夜晚时，蓄电池通过直流控制系统直接给直流负载供电或经逆变器转化为交流电供交流负载使用。

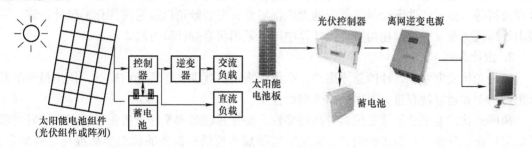

图1-1 离网光伏发电系统示意图

1. 太阳能电池组件

太阳能电池组件也叫作太阳能电池板，是太阳能发电系统中的核心部分，是能量转换的

器件，其作用是直接将光能转换成电能。当系统容量较大时，还需要将多块电池组件串、并联后构成太阳能组件方阵。构成光伏组件的太阳能电池片一般采用晶硅电池，主要分为单晶硅电池与多晶硅电池。另外近年来非晶硅薄膜电池也有一定的商用市场份额。

2. 储能装置

储能装置的作用是贮存太阳能电池方阵受太阳辐射时发出的电能，并可随时向负载供电。目前比较成熟的商用方案主要有蓄电池组和超级电容器。由于成本等原因，目前与离网光伏发电系统配套使用的主要是铅酸蓄电池。对其基本要求是，使用寿命长，深放电能力强，充电效率高，维护少或免维护，价格低廉。

3．控制器

控制器的作用是保护蓄电池（防止蓄电池过充电和过放电，获得最高效率并延长蓄电池的使用寿命）、平衡光伏系统能量及显示系统工作状态等，使太阳能电池和蓄电池高效、安全、可靠地工作。

4. 逆变器

逆变器是将直流电转换成交流电的设备。由于太阳能电池和蓄电池是直流电源，当负载是交流负载时，逆变器是必不可少的。逆变器按运行方式，可分为离网逆变器和并网逆变器。离网逆变器用于离网运行的光伏发电系统中，为交流负载供电。并网逆变器用于并网运行的光伏发电系统，它的作用是将光伏组件发出的直流电变成交流电输送到电网上。离网型光伏逆变器与并网型光伏逆变器在主电路结构上没有较大区别，主要区别在并网型光伏逆变器需要考虑并网后与电网的运行安全，要求输出的交流电与电网同频、同相，同时还要有抗孤岛等控制特殊功能。而离网型光伏逆变器就不需要考虑这些因素。

1.1.2 离网光伏发电系统的设计内容、原则及步骤

1. 设计内容

一般来说，光伏发电系统的设计分为软件设计和硬件设计，软件设计先于硬件设计。软件设计包括负载用电量的计算，太阳能光伏阵列辐射量的计算，太阳能光伏组件容量、蓄电池容量的计算及两者之间的相互匹配的优化设计，光伏阵列倾角的计算，系统运行情况预测和经济效益分析等内容。系统硬件设计包括光伏组件和蓄电池的选型，光伏阵列支架的设计，逆变器的设计和选型，控制器的设计和选型，防雷接地、配电设备和低压配电线路的设计和选型等。由于软件设计牵涉复杂的太阳辐射量、安装倾角以及系统优化的设计计算，一般由计算机仿真来完成。在初步设计计算中可以采用简略的计算方法。

2. 设计原则

离网光伏发电系统设计的总原则是，在保证满足负载供电需要的前提下，使用最少的光伏组件功率和蓄电池容量，以尽量减少初始投资。

离网光伏发电系统设计必须具有高可靠性，保证在较恶劣条件下的正常使用；同时要求系统易操作、易维护；系统的设计、施工、维护成本要低；设备的选型要标准化、模块化，以提高备件的通用互换性，要求系统预留扩展接口以便于日后规模和容量的扩大。

3. 设计步骤

可按以下步骤进行设计：收集资料（项目所在地的辐射量等天气、地理信息，系统负载信息等）→理论计算（负载用电量、组件安装方位角及倾角、组件峰值日照小时数、蓄

电池容量估算、组件功率估算）→设备选型（蓄电池、光伏组件、逆变器、控制器）→方阵设计（组串设计、支架系统、前后间距）→电气设计（电气连接、防雷接地等）→辅助设计（数据采集、环境检测、监控系统等）。

1.1.3 离网光伏发电系统的设计过程

在进行离网光伏发电系统的设计之前，需要掌握并获取项目地必要的气象数据和设备选型所必需的基本理论知识，如离网光伏发电系统安装的地理位置，包括地点、纬度、经度和海拔；该地区的气象资料，包括逐月的太阳能总辐射量，年平均气温和最高、最低气温，最长连续阴雨天数、最大风速及冰雹、降雪等特殊气象情况。

1. 负载用电量计算

负载用电量的计算是独立光伏发电系统设计的关键因素之一。通常列出所有负载（交流和直流）的名称、功率大小、额定工作电压和每天工作时间；然后将负载分类，并按工作电压分组，计算每一组总的用电量，算出系统每天总的用电量；接着，选定系统直流工作电压，计算整个系统在这一电压下所要求的平均安时数（A·h）数，即算出所有负载的每天平均耗电量之和。在一般情况下，离网光伏发电系统，其交流负载工作电压为220V，直流负载电压为12V或12V的整数倍，即24V或48V。如果负载需不同的直流电压，选择具有最大电流的电压作为系统电压，对于负载所需电压与系统电压不一致时可用直流—直流（DC/DC）转换器来提供所需的电压。在以交流负载为主的系统中，直流系统电压应当与选用的逆变器输入电压相适应。

【例1-1】 现为徐州某地设计一套太阳能路灯系统，灯具功率为30W，每天工作6h，工作电压为12V。求负载日平均用电量。

解：负载平均用电量 = $\dfrac{负载日平均用电量}{系统工作电压}$，$Q = \dfrac{30 \times 6}{12}\mathrm{A \cdot h} = 15\mathrm{A \cdot h}$

【例1-2】 一独立光伏发电系统工作电压为交流220V，各负载日用电量及总用电量如表1-1所示。求负载日用电量。

表1-1 计算负载日用电量统计表

序号	负载名称	直流/交流	负载功率/W	数量	合计功率/W	每日工作时间/h	每日用电量/W·h
1	彩色电视机	交流	100	1 台	100	3	300
2	节能灯	交流	12	10 台	120	4	480
3	电扇	交流	40	1 台	40	4	160
4	洗衣机	交流	200	1 台	200	2	400
5	水泵	交流	200	1 台	200	2	400
	合计	—	—	—	400	—	1740

解：考虑到交流逆变器的效率，直流端的负载平均用电量 = 交流端负载用电量/逆变器的效率，单位为W·h（或kW·h），再除以直流端系统电压得到日用电量。

逆变器效率 η 取90%，系统直流电压取24V，则负载日用电量为

$$Q = \frac{W_总}{\eta_逆 \times U} = \frac{1740}{90\% \times 24}\mathrm{A \cdot h} \approx 81\mathrm{A \cdot h}$$

2. 蓄电池选型

离网光伏系统一般使用蓄电池作为储能装置，有阳光时将太阳能电池发出的电能贮存起来，阳光不足或夜间时为负载供电。目前在光伏发电系统中，常用的储能电池及器件有铅酸蓄电池、碱性蓄电池、锂离子蓄电池、镍氢蓄电池及超级电容器等。鉴于性能及成本的原因，目前应用最多、使用最广泛的还是铅酸蓄电池。铅酸蓄电池按产品的结构形式，可分为开口式、阀控密封免维护式（VRLA 电池）和阀控密封胶体式，如图 1-2 所示。密封免维护蓄电池因其维护方便，性能可靠，且对环境污染较小，特别是用于无人值守的光伏电站，有着其他蓄电池所无法比拟的优越性。

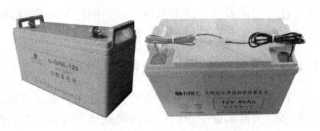

图 1-2　阀控密封免维护铅酸蓄电池

（1）蓄电池的主要技术参数

1）蓄电池的容量。

蓄电池的容量是指电池储存电量的多少，通常以蓄电池充满电后放电至规定的终止电压时电池放出的总电量（符号 C）表示。当蓄电池以恒定电流放电时，它的容量等于放电电流值和放电时间的乘积，单位为安时（A·h）或毫安时（mA·h）。通常在 C 的右下角标明放电时率，如 C_{10} 表示 10 小时率的放电容量；C_{20} 表示 20 小时率的放电容量。

蓄电池的电量分为理论容量、实际容量、额定容量。

理论容量是根据活性物质的质量、按照法拉第定律计算而得的最高容量值。

实际容量是指电池在一定放电条件下所能输出的电量，它等于放电电流与放电时间的乘积。由于组成电池时，除电池的主反应外，还有副反应发生，加之其他种种原因，活性物质利用率不可能为 100%，因此远低于理论容量。在最佳放电条件下，蓄电池的实际容量只有理论容量的 45% ~ 50%，这与活性物质的利用率有关。在正常放电情况下，负极活性物质的利用率为 55% 左右，正极活性物质的利用率为 45% 左右。

额定容量在国外也称为标称容量，是按照国家或有关部门颁布的标准，在电池设计时要求电池在一定的放电条件下（一般规定在 25℃ 环境下以 10h 放电率电流放电至终止电压）应该放出的最低限度的电量值。额定容量在电池型号标出，它是使用者选择电池和计算充放电电流的重要依据。蓄电池的额定容量与实际容量一样，也小于理论容量。

蓄电池容量不是固定不变的常数，它与充电的程度、放电电流的大小、放电时间长短、电解液密度、环境温度、蓄电池效率及新旧程度等有关。其中蓄电池的放电率和电解液温度是影响容量的最主要因素。电解液温度高时，容量增大；电解液温度低时，容量减小。电解液浓度高时，容量增大；电解液浓度低时，容量减小。

2）蓄电池的电压。

开路电压是指蓄电池在开路状态下的端电压。蓄电池的开路电压等于电池的正极电极电势与负极电极电势之差。铅酸蓄电池开路电压的大小可用以下经验公式来计算，即

$$U_{开} = 0.85 + d_{15}(V) \tag{1-1}$$

式中，0.85 为常数；d_{15} 为 15℃ 时极板微孔中与溶液本体的电解液密度相等时的密度，常用

的密度范围 1.10 ~ 1.35g/ml。开路电压与电解液密度有关，电解液密度越高，电池的开路电压也越高。

工作电压是指电池接通负载后在放电过程中显示的电压，又称为端电压。在电池放电初始的工作电压称为初始电压。电池在接通负载后，由于欧姆电阻和极化电阻的存在，电池的工作电压低于开路电压。

浮充电压是指电源对电池进行浮充时设定的电压值。蓄电池充满电后，改用小电流给电池继续充电，此时就称为浮充电，也称为涓流充电。该小电流一般不是人为设定的，而是在电压设定为浮充电压后（如以 12V 电池为例，浮充电压在 13.2 ~ 13.8V），电池已充足电，能够接受的电流很小了，就自动形成了浮充电流。电池的浮充时间是没有限制的，只要电压处于浮充电压范围内，铅酸蓄电池是不怕浮充的，比如通信系统使用的长寿命电池，质保期都在 8 年以上，在整个寿命期内，除了因市电故障停充及常规维护外，始终处于浮充状态。

放电终止电压是指蓄电池以一定的放电率在 25℃ 环境温度下放电至能再反复充电使用的最低电压称为放电终止电压。如果电压低于放电终止电压后蓄电池继续放电，电池两端电压就会迅速下降，形成深度放电，这样，极板上形成的生成物在正常充电时就不易再恢复，从而影响电池的寿命。放电终止电压与放电率有关。大多数固定型电池在以 10h 放电率时（25℃）的放电终止电压为 1.8V/只。

3）放电时率和放电倍率。

蓄电池放电至终止电压的速度，称为放电率，有放电时率（小时率）和放电倍率（电流率）两种表示方法。

放电时率是指以放电时间的长短来表示蓄电池放电的速率，即蓄电池在规定的放电时间内，以规定的电流放出的容量。放电时间率可用式（1-2）确定，即

$$T_K = \frac{C_K}{I_K} \tag{1-2}$$

式中，T_K（T_{10}、T_3、T_1）分别表示 10、3、1 等小时放电率；C_K（C_{10}、C_3、C_1）分别表示 10、3、1 等小时率放电容量（A·h）；I_K（I_{10}、I_3、I_1）分别表示 10、3、1 等小时率放电电流（A）。依据国际电工委员会标准（IEC）标准，放电时率有 20 小时率、10 小时率、5 小时率、3 小时率、1 小时率、0.5 小时率，分别表示为 20h、10h、5h、3h、2h、1h、0.5h。例如，容量 C = 100A·h 蓄电池的 20h 放电率，表示以 100 A·h/20h = 5A 电流放电，时间为 20h，简称为 20 小时率。某蓄电池的额定容量为 120A·h，若用 10 小时率放电，则放电电流为 12A；若用 5 小时率放电，则放电电流为 24A。

放电倍率是放电电流为蓄电池额定容量的一个倍数，即

$$X = \frac{I}{C} \tag{1-3}$$

式中，X 为放电倍率；I 为放电电流；C 为蓄电池的额定容量。

为了对容量不同的蓄电池进行比较，不用绝对值表示放电电流，而用额定容量 C 与放电制（放电时率）的比来表示，称为放电速率或放电倍率。20h 制的放电倍率就是 $C/20$ = $0.05C$，单位为 A。比如，若 20A·h 电池采用 0.5C 倍率放电，则放电电流为 0.5 × 20 = 10（A）。

小时率和倍率之间的关系如表 1-2 所示。由表可知，放电率或充电率越快，充、放电电

流越大，小时率的值越小，倍率越大；反之，放电率或充电率越慢，充、放电电流越小，小时率的值越大，倍率越小。

表 1-2　小时率和倍率之间的关系表

小时率/h	0.5	1	4	5	10	20
倍率/A	$2C$	$1C$	$0.25C$	$0.2C$	$0.1C$	$0.05C$

4）内阻。

电池内阻包括欧姆内阻和极化内阻。极化内阻又包括电化学极化与浓差极化内阻。内阻的存在，使电池放电时的端电压低于电池电动势和开路电压，充电时端电压高于电动势和开路电压。活性物质的组成、电解液浓度不断地改变，导致电池的内阻不是常数，在充放电过程中随时间不断变化。极化电阻随电流密度增加而增大，但不是线性关系，常随电流密度和温度不断地改变。

5）放电深度。

在蓄电池使用过程中，电池放出的容量占其额定容量的百分比称为放电深度。放电深度是影响蓄电池寿命的重要因素之一，设计时考虑的重点是深循环（60%～80%）使用、浅循环（17%～25%）使用，还是中循环使用（30%～50%）。若把浅循环使用的电池用于深循环使用，则铅蓄电池会很快失效。

6）自行放电率。

蓄电池的自放电是指蓄电池在开路搁置时自动放电的现象。蓄电池发生自放电将直接减少蓄电池可输出的电量，使蓄电池容量降低。容量每天或每月降低的百分数称为自行放电率。化学作用、电化学作用和电作用是引起蓄电池自放电的主要原因。电作用主要是内部短路，引起蓄电池内部短路的原因有极板上脱落的活性物质、负极析出的铅枝晶和隔膜被腐蚀而损坏等。化学作用和电化学作用主要与活性物质的性质及活性物质或电解液中的杂质有关，包括正负极的自溶解、各种杂质与正极或负极物质发生化学反应或形成微电池而发生的电化学反应等。

（2）蓄电池的命名方法、型号组成及其代表意义

蓄电池名称由单体蓄电池格数、类型、额定容量、电池功能或形状等组成，其组成示意图如图 1-3 所示。第一段为数字，表示单体电池格（串联）数，当单体蓄电池格数为 1 时（2V）省略，

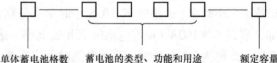

单体蓄电池格数　蓄电池的类型、功能和用途　额定容量

图 1-3　蓄电池名称的组成示意图

6V、12V 分别为 3 和 6；第二段为 2～4 个汉语拼音字母，表示蓄电池的类型、功能和用途等；第三段表示电池的额定容量。蓄电池常用汉语拼音字母的含义如表 1-3 所示。

表 1-3　蓄电池常用汉语拼音字母的含义

代　号	汉　字	全　称
G	固	固定式
F	阀	阀控式
M	密	密封
J	胶	胶体

代　号	汉　字	全　称
D	动	动力型
N	内	内燃机车用
T	铁	铁路客车用
D	电	电力机车用

例如，GFM-500 的含义是，一个单体，G 为固定型，F 为阀控式，M 为密封，500 为 10 小时率的额定容量；6-GFMJ-100 的含义是，6 个单体（12V），电压 12V，G 为固定型，F 为阀控式，M 为密封，J 为胶体，100 为 10 小时率的额定容量。

（3）普通免维护铅酸电池和胶体电池

铅酸蓄电池包括胶体和液体两大类。胶体铅酸蓄电池是对液态电解质的普通铅酸蓄电池的改进，用胶体电解液代换了硫酸电解液，在安全性、蓄电量、放电性能和使用寿命等方面较普通电池有所改善。普通铅酸蓄电池使用寿命一般为 4~5 年，胶体电池一般为 12 年；普通铅酸电池一般不能超过 -3℃，胶体电池可以工作在 -30℃；普通铅酸电池有爬酸现象，管理不当会产生爆炸，胶体电池没有爬酸现象，不会产生爆炸情况。

普通铅酸蓄电池和胶体铅酸蓄电池结构、性能等区别如表 1-4 所示。

表 1-4　普通铅酸蓄电池和胶体铅酸蓄电池结构、性能区别

项目	胶体铅酸蓄电池	普通铅酸蓄电池
电解液固定方式	电解液由气体二氧化硅及多种添加剂以胶体形式固定。注入时为液态，可充满电池内的所有空间	电解液被吸附在多孔的玻璃棉隔板内，而且必须是不饱和状态
电解液量	与富液式电池相同	比富液式或胶体蓄电池的储液量少
电解液比重	与富液式相同，平均 $1.42g/1$，对极板腐蚀较轻，电池寿命长	比富液式胶体电池电解液比重要高平均 $1.28 \sim 1.31g/1$，对极板腐蚀较重，电池寿命短
正极板结构	可制成管式或涂膏式	只能制成涂膏式
极柱密封方式	多层耐酸橡胶圈滑动式密封，保证了使用寿命后期极群生长时的密封	迷宫式树脂灌注密封无法满足后期级群生长时的极柱密封，甚至导致电池损坏
板栅合金	铅钙锡无锑多元合金，管式正极板管芯可采用高压压铸工艺生产，晶格细小均匀，耐腐蚀性好，电池的使用寿命长	有的公司采用含镉含锑合金，锑可以改进极板强度，延长电池的循环寿命，但电池的自放电率较高，镉合金的循环回收对环境污染严重
浮充性能	由于电解液比重低，浮充电压相对也比较低，另外胶体的散热性也远优于玻璃棉，绝无热失控事故，浮充寿命长	浮充电压相对较高，浮充电流大，快速的氧再化合反应产生大量的热量，玻璃棉隔板的热消散能力差，热失控故障时有发生
循环性能	特殊的含磷酸胶体和含锡正极板合金，电池的循环性能和深放电恢复能力优越	由于玻璃隔板微孔孔径较大，深放电时电解液比重降低，硫酸铅溶解度增大，沉积在微孔中的活物质会形成枝晶短路，进而导致电池寿命的终止
自放电	由于选用的材料纯度高，电解液比重低，电池的自放电率为 $0.05\% \sim 0.06\%$/天，电池常温下可储存两年无须补充充电	每月 $3\% \sim 5\%$，存放期超过 6 个月需补充充电

项目	胶体铅酸蓄电池	普通铅酸蓄电池
氧再化合效率	使用初期再化合效率较低，但运行数月后，再化合效率可达95%以上	由于隔板的不饱和空隙提供了大量的氧扩散通道，再化合效率较高，但其浮充电流和产生的热量也较高，因而导致热失控故障
电解液的层化	硫酸被胶体均匀地固化分布，绝无浓度层化问题，电池可竖直或水平任意放置	玻璃纤维的毛细性能无法完全克服电解液的层化问题电池的高度受限制，因而大容量高尺寸极板电池只能水平放置
气体释出	按照厂家规定的浮充电压进行浮充，两种电池的气体释放出量基本相等	

（4）连续阴雨天数

连续阴雨天数，也称作蓄电池自给天数，即系统在没有任何外来能源的情况下负载仍能正常工作的天数。一般来讲，连续阴雨天数的确定与两个因素有关：负载对电源的要求程度；光伏系统安装地点的气象条件，即最大连续阴雨天数。通常可以将光伏系统安装地点的最大连续阴雨天数作为系统设计中使用的自给天数，但还要综合考虑负载对电源的要求。对于负载对电源要求不是很严格的光伏应用，设计中通常取自给天数为 2～5 天；对于负载要求很严格的光伏应用系统，设计中通常取自给天数为 7～14 天。所谓负载要求不严格的系统通常是指用户可以稍微调节一下负载需求从而适应恶劣天气带来的不便；而严格系统指的是用电负载比较重要，例如常用于通信、导航或者重要的健康设施如医院、诊所等。此外还要考虑光伏系统的安装地点，如果在很偏远的地区，必须设计较大的蓄电池容量，因为维护人员到达现场需要花费很长时间。

（5）蓄电池容量计算

蓄电池容量是指其蓄电的能力，通常用蓄电池放电至终止电压所放出的容量大小来量度。确定离网光伏发电系统蓄电池容量最佳值，应综合考虑光伏阵列的发电量、负荷容量、控制器的效率及逆变器的效率等。蓄电池容量的计算方法有多种，一般可通过以下各式求出。

1）基本计算方法及步骤。

① 将负载需要的用电量乘以根据实际情况确定的连续阴雨天数得到初步蓄电池容量。

② 蓄电池容量除以蓄电池的允许最大放电深度。在一般情况下浅循环型蓄电池选用50%的放电深度，深循环型蓄电池选用80%的放电深度。

③ 综合①②得电池容量的基本公式为

$$蓄电池容量 = \frac{负载日平均用电量 \times 连续阴雨天数}{最大放电深度} \tag{1-4}$$

式中电量的单位是 A·h，如果电量的单位是 W·h，先将 W·h 折算成 A·h，折算关系如下：

$$负载平均用电量 = \frac{负载日平均用电量}{系统工作电压} \tag{1-5}$$

【例1-3】 现需设计一套离网光伏发电系统，负载日耗电量为 1kW·h，直流系统电压为 24V，连续阴雨天选 5 天，采用深循环蓄电池，放电深度为 80%。求蓄电池的容量。

解：蓄电池容量 $= \dfrac{负载日平均用电量 \times 连续阴雨天数}{最大放电深度} = \dfrac{\frac{1000}{24} \times 5}{0.8} A·h = 260.42A·h$

2）实用蓄电池容量计算公式。

式（1-4）给出的只是蓄电池容量的基本估算方法，在实际情况中还有很多性能参数会对蓄电池容量和使用寿命产生很大的影响，如蓄电池的放电率和环境温度。

蓄电池的容量随着放电率的改变而改变，随着放电率的降低，蓄电池的容量会相应增加。进行光伏系统设计时就要为所设计的系统选择在恰当的放电率下的蓄电池容量。通常，生产厂家提供的是蓄电池额定容量是10h放电率下的蓄电池容量。但是在光伏发电系统中，因为蓄电池中存储的能量主要是为自给天数中的负载需要，蓄电池放电率通常较慢，光伏供电系统中蓄电池典型的放电率为100~200h。在设计时我们要用到在蓄电池技术中常用的平均放电率的概念。

光伏发电系统的平均放电率计算公式为

$$平均放电率(h) = \frac{负载工作时间 \times 连续阴雨天数}{最大放电深度} \tag{1-6}$$

对于多路不同负载的光伏发电系统，负载工作时间需要用权平均法进行计算，加权平均负载工作时间的计算方法为

$$负载工作时间 = \frac{\sum 负载工作功率 \times 负载工作时间}{\sum 负载工作功率} \tag{1-7}$$

根据上面两个公式可以计算出光伏发电系统的实际平均放电率，根据蓄电池生产厂商提供的该型号蓄电池在不同放电速率下的蓄电池容量，就可以对蓄电池容量进行修正。

蓄电池的容量会随着蓄电池温度的变化而变化，当蓄电池温度下降时，蓄电池的容量会下降。通常，铅酸蓄电池的容量是在25℃时标定的。随着温度的降低，0℃时的容量大约下降到额定容量的90%，而在−20℃的时候大约下降到额定容量的80%，所以必须考虑蓄电池的环境温度对其容量的影响。如果光伏系统安装地点的气温很低，这就意味着按照额定容量设计的蓄电池容量在该地区的实际使用容量会降低，也就是无法满足系统负载的用电需求。在实际工作的情况下就会导致蓄电池的过放电，减少蓄电池的使用寿命，增加维护成本。因此，设计时需要的蓄电池容量就要比根据标准情况（25℃）下蓄电池参数计算出来的容量要大，只有选择安装相对于25℃时计算容量多的容量，才能够保证蓄电池在温度低于25℃的情况下，还能完全提供所需的能量。

专业蓄电池生产商一般会提供相关的蓄电池温度−放电率−容量修正曲线（如图1-4所示）。从曲线上可以查到对应温度的蓄电池容量修正系数，除以蓄电池容量修正系数就能对上述的蓄电池容量初步计算结果加以修正。

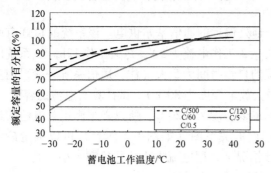 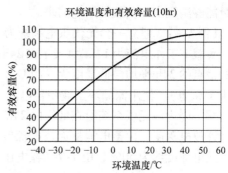

图1-4　蓄电池温度−放电率−容量曲线

蓄电池的放电深度还和温度有关。铅酸蓄电池中的电解液在低温下可能会凝结，随着蓄电池的放电，蓄电池中不断生成的水稀释电解液，导致蓄电池电解液的凝结点不断上升，直到纯水的 0℃。在寒冷的气候条件下，如果蓄电池放电过多，随着电解液凝结点的上升，电解液就可能凝结，从而损坏蓄电池。即使系统中使用的是深循环工业用蓄电池，其最大的放电深度也不要超过 80%。

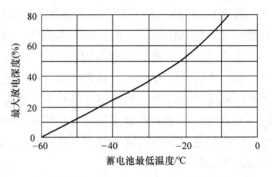

图 1-5　铅酸蓄电池最大放电深度和蓄电池温度曲线

图 1-5 为一般铅酸蓄电池的最大放电深度和蓄电池温度的关系（可由蓄电池生产商提供），系统设计时可以参考该图得到所需的调整因子。通常，只是在温度低于 -8℃ 时才考虑进行校正。

考虑温度、放电率等对蓄电池容量影响后，蓄电池的容量为

$$蓄电池容量 = \frac{负载日平均用电量 \times 连续阴雨天数 \times 放电率修正系数}{最大放电深度 \times 温度修正系数} \tag{1-8}$$

如果在严寒地区，就要考虑到低温防冻问题对此进行必要的修正。设计时可以适当地减小这个值扩大蓄电池的容量，以延长蓄电池的使用寿命。例如，如果使用深循环蓄电池，进行设计时，将使用的蓄电池容量最大可用百分比定为 60% 而不是 80%，这样既可以提高蓄电池的使用寿命，减少蓄电池系统的维护费用，同时又对系统初始成本不会有太大的冲击。根据实际情况可对此进行灵活地处理。

生产厂家提供的是蓄电池额定容量是 10h 放电率下的蓄电池容量，若使用低于 10h 的放电率，放电电流小，则可得到高于额定值的电池容量，造成系统成本增加；若使用高于 10h 的放电率，放电电流大，则所放出的容量要比蓄电池的额定容量小，造成系统供电不足。因此，设计时要考虑放电率对容量的影响，并计算光伏发电系统的实际平均放电率。根据生产厂家提供的该型号蓄电池在不同放电率下的容量，可以对蓄电池的容量进行校对和修正。如果手中没有详细容量 - 放电率资料时，可对慢放电率 50 ~ 200h（小时率）光伏发电系统蓄电池的容量进行估算，一般比蓄电池的标准容量提高 5% ~ 20%，相应的放电率的修正系数为 0.95 ~ 0.8。

温度修正系数：当温度降低的时候，蓄电池的容量将会减少。温度修正系数的作用就是保证安装的蓄电池容量要大于按照 25℃ 标准情况算出来的容量值，从而使得设计的蓄电池容量能够满足实际负载的用电需求。

【例 1-4】　建立一套光伏供电系统为一个地处偏远的通信基站供电。该系统的负载有两个：负载 1 工作电流为 1A，每天工作 24h；负载 2 工作电流为 5A，每天工作 12h。该系统所处的地点的 24h 平均最低温度为 -20℃，系统的自给时间为 5 天（注：通信系统一般采用直流 48V 供电）。使用深循环工业用蓄电池（最大放电深度为 80%）。试计算蓄电池的容量。

解：因为该光伏系统所在地区的 24h 平均最低温度为 -20℃，所以必须修正蓄电池的最大允许放电深度。由蓄电池最大放电深度 - 温度的关系图（如图 1-6 所示）可以确定最大允许放电深度约为 50%，由 1-7（在电压一致情况下，用电流大小代替负载大小）得

$$负载工作时间 = \frac{1 \times 24 + 5 \times 12}{1 + 5}h = 14h$$

由式 1-6 得

$$平均放电率 = \frac{14 \times 5}{0.5}h = 140h$$

可根据蓄电池提供商提供的容量－温度曲线图（如图 1-7 所示），找到与平均放电率计算数值最为接近的放电率，且在 −20℃ 时在该放电率下所对应的温度修正系数，代入公式中计算蓄电池容量。也可根据经验确定温度修正系数，即取 0.75。放电率修正系数可参考蓄电池厂家提供的说明书，此处取 0.85，因此蓄电池容量为

$$蓄电池容量 = \frac{(1 \times 24 + 5 \times 12) \times 5 \times 0.85}{0.5 \times 0.75}A \cdot h = 952A \cdot h$$

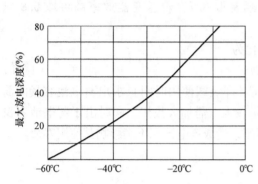

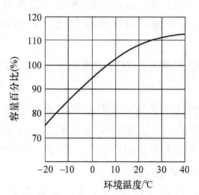

图 1-6　蓄电池最大放电深度－温度修正曲线　　图 1-7　蓄电池的实际温度与容量修正曲线（200h 率）

3）参考公式 3。

可以用式（1-9）计算蓄电池组的容量。

$$C = \frac{P_0 tD}{UK\eta_2} \tag{1-9}$$

式中　C——蓄电池组的容量，单位为 A·h；

　　　P_0——负载的功率，单位为 W；

　　　　t——负载每天的用电小时数，单位为 h；

　　　U——系统的工作电压（或蓄电池组的额定电压），单位为 V；

　　　K——蓄电池的放电系数或蓄电池储存电量的利用率，此值应考虑蓄电池效率、放电深度、环境温度等影响因素而定，$K = $ 蓄电池效率 × 放电深度 × 环境温度等系数。一般取值为 0.4~0.7。该值的大小应该根据系统成本和用户的具体情况综合考虑。

　　　η_2——逆变器的效率；

　　　D——连续阴雨天数（视当地气象数据而定，一般系统取 2~3 天）。

【例 1-5】　现需设计一套独立光伏发电系统，负载为荧光灯，总功率 P_0 为 5kW，每天使用 $t = 8h$，系统工作电压 U 为 48V，逆变器的效率 η_2 取 0.9，连续阴雨天 D 为 2 天，蓄电池的放电系数 $K = 0.5$，计算蓄电池组的容量。

解：$C = \dfrac{P_0 tD}{UK\eta_2} = \dfrac{5000 \times 8 \times 2}{48 \times 0.5 \times 0.9}A \cdot h = 3704A \cdot h$

4）参考公式 4。

也可用式（1-10）计算蓄电池容量。

$$C = \frac{TFP_O}{LC_CK_a} \qquad (1\text{-}10)$$

式中　C——蓄电池组的容量，单位为 kW·h；

　　　T——最长无日照期间用电时间（如两天阴雨天，每天用电 5h，则 $D = 2 \times 5h = 10h$）；

　　　F——蓄电池放电效率的修正系数（通常取 1.05）；

　　　P_O——平均负荷容量，单位为 kW；

　　　L——蓄电池的维修保养率（通常取 0.8）；

　　　C_C——蓄电池的放电深度（通常取 0.5）；

　　　K_a——包括逆变器等交流回路的损失率（通常取 0.7，若逆变器效率高可取 0.8 以上）。

用通常情况所取用的常数，式（1-10）可简化为

$$C = 3.75TP_O \qquad (1\text{-}11)$$

这就是由平均负载容量和最长连续无日照时间（即负载使用时间）求出蓄电池容量的简单计算公式。上式中若 T 取值过大，则蓄电池容量较大，需加大投资。同时由于蓄电池容量大，必须加大光伏组件容量，两者才可以匹配；否则，造成蓄电池充不满影响其使用寿命。

5）参考公式 5。

也可用式（1-12）计算蓄电池容量。

$$C = \frac{KQ_LDT_O}{C_C} \qquad (1\text{-}12)$$

式中　C——蓄电池组的容量，单位为 W·h；

　　　K——安全系数，取 1.1~1.4；

　　　Q_L——负载日平均耗电量，单位为 W·h；

　　　D——最长连续阴雨天数；

　　　T_O——温度修正系数，一般 0℃以上取 1，−10℃以下取 1.1，−10℃以下取 1.2；

　　　C_C——蓄电池的放电深度（一般不大于 0.75，通常取 0.5）。

【例1-6】　南京某地面卫星接收站为例，负载电压为 12V，功率为 25W，每天工作 24h，最长连续阴雨天为 5 天，计算蓄电池组的容量。

解：$C = \dfrac{KQ_LDT_O}{C_C} = \dfrac{1.2 \times (25 \times 24) \times 5 \times 1}{0.5}$ W·h = 7200W·h

6）参考公式 6。

也可用式（1-13）计算蓄电池容量。

$$C = \frac{24P_OD}{K_bU} \qquad (1\text{-}13)$$

式中　C——蓄电池组的容量，单位为 A·h；

　　　P_O——负载日平均耗电量，单位为 W；

　　　D——最长连续阴雨天数；

　　　K_b——安全系数；

　　　U——系统工作电压，单位为 V。

式（1-13）主要用于24h负载的计算。

式（1-12）和式（1-13）实质上是一样的，只是表达方式不同：采用式（1-13）计算出的蓄电池容量的单位是 $A \cdot h$，而用式（1-12）计算出来的蓄电池的容量是 $W \cdot h$（若除以系统工作电压，则为 $A \cdot h$）。在式（1-13）中的日平均耗电量的单位是 W，安全系数包括了温度修正系数 T_0 与放电深度 C_C 的修正系数；在式（1-12）中的日平均耗电量单位为 W。

7）参考公式7。

也可用式（1-14）进行估算

$$C = Q_L(D+1) \tag{1-14}$$

式中　Q_L——日耗电量；

　　　D——最长连续阴雨天数。

式（1-14）一般用于估算。

（6）蓄电池组的串并联计算

根据系统直流电压等级的要求来配置蓄电池的串、并联数量。n 个蓄电池串联时电压为单个蓄电池电压的 n 倍，容量不变；n 个蓄电池并联时容量为单个蓄电池容量的 n 倍，电压不变。蓄电池在串、并联时应遵循以下原则：同型号规格、同厂家、同批次、同时安装和使用。

每个蓄电池都有它的标称电压，为了达到负载所需的标称工作电压，可将蓄电池串联起来给负载供电，需要串联的蓄电池的个数等于负载的标称电压（系统工作电压）除以蓄电池的标称电压，即

$$蓄电池串联数 = \frac{系统工作电压}{蓄电池标称电压} \tag{1-15}$$

计算出了所需的蓄电池的容量后，下一步就是要决定选择多少个单体蓄电池进行并联才能得到所需的蓄电池容量。蓄电池并联数的计算公式为

$$蓄电池并联数 = \frac{蓄电池总容量}{蓄电池标称容量} \tag{1-16}$$

根据计算结果，可以有多种选择，例如，如果计算出来的蓄电池容量为 $500A \cdot h$，那么可以选择一只 $500A \cdot h$ 的单体蓄电池，也可以选择两只 $250A \cdot h$ 的蓄电池并联，还可以选择 5 只 $100A \cdot h$ 的蓄电池并联。从理论上讲，这些选择都可以满足要求，但是在实际应用当中，要尽量减少并联数目，即最好选择大容量的蓄电池（常见的有 12V 和 2V 系列的蓄电池），以减少所需的并联数目，这样做的目的就是为了尽量减少蓄电池之间的不平衡所造成的影响，因为一起并联的蓄电池在充放电的时候可能造成蓄电池不平衡，并联的组数越多，发生蓄电池不平衡的可能性就越大。一般来讲，并联的数目不超过 4 组。

【例1-7】　某离网光伏发电系统，直流系统电压为 24V，经计算后所需蓄电池的容量为 $570A \cdot h$，如选用 $2V/300A \cdot h$，求所需蓄电池的串、并联数目。

解：蓄电池的串联数 $= 24/2 = 12$

蓄电池的并联数 $= 570/300 = 1.9$，采取就高不就低的原则，取 2。

所以该系统需要使用 $2V/300A \cdot h$ 的蓄电池个数为 12 串联 $\times$ 2 并联 $=24$（个）。

目前，很多光伏发电系统采用的是两组并联模式。这样，如果有一组蓄电池出现故障，

不能正常工作，就可以将该组蓄电池断开进行维修，而使用另外一组正常的蓄电池，虽然电流有所下降，但系统还能保持在标称电压正常工作。总之，蓄电池组的并联设计需要考虑不同的实际情况，根据不同的需要做出不同的选择。

3. 光伏组件选型

（1）光伏组件的性能

光伏组件的性能主要指电流－电压特性，可以用特性曲线描述，称为光伏组件 $U-I$ 曲线。该曲线描述组件输出电流和电压之间的关系，如图 1-8 所示。图上所示有 3 个重要意义的点，即最大功率点 P_m（$U_{mp}I_{mp}$）、开路电压（U_{oc}）和短路电流（I_{sc}）。

光伏组件的参数测试是在规定光源的光谱、光强以及一定的电池温度条件下，测试 $U-I$ 曲线、短路电流、开路电压、填充因子、最大输出功率等。地面用光伏组件的标准测试条件是，太阳光谱为 AM1.5，太阳照度为 1000W/m²，温度为 25℃。具体解释如

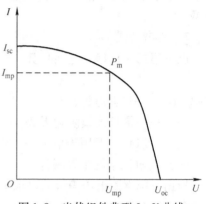

图 1-8　光伏组件典型 $I-U$ 曲线

下：AM 的意思是大气质量，定义是光线通过大气的实际距离比上大气的垂直厚度，AM1.5 就是光线通过大气的实际距离为大气垂直厚度的 1.5 倍；1000W/m² 是标准测试太阳电池的光线的辐照度；25℃ 是在 25℃ 的温度下工作。

光伏组件主要参数如下。

1）最大功率 P_m。

在一定负载条件下，光伏组件输出的最大功率。在标准测试条件下，光伏组件输出的最大功率称为峰值功率。与最大功率点相对应的负载，称为最佳负载。将最大功率点下的电压和电流相乘，即可得到最大输出功率点的功率值。超过最大功率点后，大多数组件随着电压的增大，输出电流或输出功率将减小。

2）开路电压 U_{oc}。

在标准的测试条件下，光伏组件电路没有接负载（即 $I=0$ 时的电压）时的电压。因无电流从组件汲取，所以输出电压最大。

3）短路电流 I_{sc}。

在标准的测试条件下，光伏组件电路短路（即 $U=0$ 时的电流）的电流。因组件在回路阻抗等于零，所以输出电流最大。

4）最大工作电压 U_{mp}。

在标准的测试条件下，最大工作电压是指输出最大功率时的电压。

5）最大工作电流 I_{mp}。

在标准的测试条件下，最大工作电流是指输出最大功率时的电流。

6）转换效率。

转换效率指的是外部电路连接最佳负载时的能量转换效率，它的定义是光伏组件最大输出功率与照射到光伏组件的太阳光的功率之比，通常用百分数表示。

表 1-5 所示为江苏艾德太阳能科技有限公司生产的 AD280M4－Ab 单晶硅光伏组件的参数。

表 1-5　AD280M4 – Ab 单晶硅光伏组件技术参数

项目	参数名称	参数情况	项目	参数名称	参数情况
电气参数	最大输出功率	280W	机械参数	电池片型号	单晶 156×156mm（6 寸）
	最大工作电压	32.42V		电池片数量	60（6×10）
	最大工作电流	8.62A		产品尺寸	1640mm×992mm×40mm
	开路电压	39.76V		产品重量	18.5kg
	短路电流	9.12A		玻璃	钢化玻璃
	组件转换效率	17.21%		边框材料	银色、阳极氧化铝
	工作温度	– 40~85℃	温度参数	额定电池工作温度	±45℃
	最大系统电压	1000V DC		最大功率温度系数	– 0.42%/℃
	最大系列熔丝	15A		开路电压温度系数	– 0.30%/℃
				短路电压温度系数	0.06%/℃

（2）光伏阵列

工程上使用的光伏组件是太阳能电池使用的基本单元，其输出电压和电流有限，有时需要把太阳能光伏组件串联或并联以得到更高的电压和更大的电流。当将性能相一致的太阳能光伏组件串联时，电压将增加，电流不变；当将性能相一致的太阳能光伏组件并联时，电流将增加，电压不变。

对实际光伏发电系统而言，可根据需要将若干个光伏组件串联、并联连接而排列成阵列，这种阵列称为光伏阵列（或太阳能电池方阵），如图 1-9 所示。光伏阵列的连接方式，一般是将部分光伏组件串联后，再将若干光伏组件并联。光伏阵列可由若干个单元方阵列组成，单元方阵列由多个光伏组件组成，称为子阵列。光伏阵列能产生所需要的电压和电流，其功率根据负载设计确定，可达 kW 级、MW 级。当将光伏阵列串联使用时，总的输出电压是单个组件工作电压之和，总的输出电流受原有光伏组件中工作电流最小的一个组件所限制，只能等于该组件电流（如热斑问题，可通过在组件上加旁路二极管的方式解决问题）。当将光伏组件并联使用时，总的电流为各个组件工作电流之和。

光伏组件串联数目应根据其最大功率点电压与负载运行电压相匹配的原则来设计，一般是先根据所需电压高低用光伏组件串联构成若干串，再根据所需电流容量进行并联。

图 1-10 所示是太阳能光伏组件串并相间组成的太阳能光伏阵列示意图，它由 $L \times M$ 个太

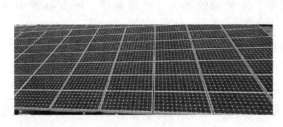

图 1-9　光伏阵列

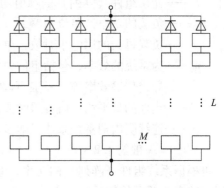

图 1-10　太阳能光伏阵列示意图

阳能光伏组件按 L 个串联及 M 个并联构成，其阵列的电压较单个组件提高了 L 倍，而其电流则较单个组件增大了 M 倍。

（3）光伏组件或方阵的设计方法

太阳能电池组件设计的一个基本原则是满足平均气候条件下负载的每日用电需求。因为天气条件有低于和高于平均值的情况，所以要保证太阳能电池组件和蓄电池在天气条件有别于平均值的情况下协调工作。在太阳能电池组件输出功率的设计中不要考虑尽可能快地给蓄电池充满电。如果这样，将需要一个很大的太阳能电池组件，使得系统成本过高，而在一年中的绝大部分时间里，太阳能电池组件的发电量会远远大于负载的使用量，从而造成太阳能电池组件不必要的浪费。蓄电池的主要作用是在太阳辐射低于平均值的情况下给负载供电。

在太阳能电池组件设计中，较好的方法是使太阳能电池组件能满足光照最恶劣季节里的负载需要，也就是要保证在光照最差的情况下使蓄电池能够被完全地充满电，这样蓄电池全年都能达到全满充电状态，可延长蓄电池的使用寿命，减少维护费用。当然，在全年光照最差的季节，光照度大大低于平均值，在这种情况下仍然按照最差情况考虑来设计太阳能光伏组件，那么所设计的太阳能光伏组件在一年中其他时候的功率输出就会超过实际所需，从而增加系统成本。因此设计离网太阳能光伏发电系统的关键是选择成本效益最好的方案。如有条件的地方，可以考虑风光互补或市电互补等措施，达到系统整体成本效益最佳。

在设计和计算太阳能电池组件（光伏组件）或阵列时，要满足负载平均日用电量的需求。以负载日用电量（安时数或瓦时）为基本依据进行设计。一般有两种方法：一种方法是以负载平均每天所需要的用电量（安时数或瓦时）为基本数据，以当地太阳能辐射资源参数（如峰值日照时数、年辐射总量等数据）为参照，计算出太阳能电池组件或方阵的功率，根据计算结果选配或定制相应制的光伏组件，从而得到电池组件的外形尺寸和安装尺寸。这种方法一般适应于中、小型光伏发电系统的设计，见设计方法 1～4。另一种方法是选定尺寸符合要求的电池组件，根据该组件峰值功率、峰值工作电流和日发电量等数据，计算和确定电池组件的串、并联数及总功率。这种方法适用于中、大型光伏发电系统，见设计方法 5、6。

1）设计方法 1。

光伏组件（阵列）容量的计算，参考式（1-17）：

$$P = \frac{P_0 t Q}{\eta_1 T} \tag{1-17}$$

式中　P——光伏组件（阵列）的峰值功率，单位为 Wp；

$\quad\;\; P_0$——负载的功率，单位为 W；

$\quad\;\;\; t$——负载每天的用电小时数，单位为 h；

$\quad\;\; \eta_1$——为系统的效率，包括组件失配效率、控制器效率、蓄电池效率、逆变器效率及导线传输效率等（一般可取 0.7 左右）；

$\quad\;\;\; T$——当地的日平均峰值日照时数，单位为 h；

$\quad\;\; Q$——连续阴雨期富余系数，即多余发电量，用于储存在蓄电池内，应对连续阴雨天（一般为 1.2～2）。

再根据系统组件（阵列）的功率，结合光伏控制器输入控制路数、系统工作电压等配置组件的串、并网的数量。

【例1-8】 现需设计一套离网立光伏发电系统，当地日平均峰值日照时数为3h，负载为荧光灯，总功率为5kW，每天使用8h，计算光伏组件容量。

解：$P = \dfrac{P_0 t Q}{\eta_1 T} = \dfrac{5000 \times 8 \times 1.2}{0.7 \times 3} \mathrm{kW} = 22.9 \mathrm{kW}$

2）设计方法2。

以峰值日照时数为依据的简易计算方法，参见式（1-18）。此种方法主要用于小型独立光伏发电系统的快速设计与计算。其主要参照的太阳能辐射参数是当地峰值日照时数。

$$\text{光伏组件功率} = \frac{\text{负载功率} \times \text{用电时数}}{\text{当地峰值日照时数}} \times \text{损耗系数} \qquad (1\text{-}18)$$

式中，光伏组件功率、负载功率单位为瓦（W）；用电时数、当时峰值日照时数为小时（h）。损耗系数主要有线路损耗、控制器接入损耗、光伏组件玻璃表面脏污及安装倾角不能照顾冬季和夏季等因素损耗，可根据需要在1.6~2进行选取。

【例1-9】 某小型光伏发电路灯系统，使用40W/24V的节能灯为光源，每天工作5h。已知当地的峰值日照时数为4h，损耗系数取1.8，求光伏组件的总功率。

解：把上述参数代入式（1-18）中，有

$$\text{光伏组件功率} = \frac{40\mathrm{W} \times 5}{4} \times 1.8 = 90\mathrm{W}$$

可选择一块100W的电池组件。

以峰值日照时数为依据的多路负载的计算方法：当光伏发电系统为多路不同的负载供电时，应先计算出总的负载日平均用电量，再结合当地峰值日照时数进行计算。如表1-6所示，光伏组件功率计算如下。

$$\text{光伏组件功率} = \frac{\text{负载日用电量}}{\text{当地峰值日照时数} \times \text{系统效率系数}} \qquad (1\text{-}19)$$

表1-6 负载日用耗电量统计表

序号	负载名称	直流/交流	负载功率/W	数量	合计功率/W	每日工作时间/h	每日用电量/W·h
1	负载1						
2	负载2						
3	负载3						
4	合计						

系统效率系数包括蓄电池的充电效率（一般取0.9）、逆变器的转换效率（一般取0.85）、太阳能控制器的效率（一般取0.95）以及光伏组件功率衰减、线路损耗、尘埃遮挡等综合系数（一般取0.9）。以上系数可以根据具体情况进行适当调整。

【例1-10】 某一家庭光伏发电系统工作电压为交流220V，各负载日用电量统计如表1-7所示。当地峰值日照时数为4h，求光伏组件的功率。

解：计算负载日用电量，如表1-7所示。

$$\text{光伏组件功率} = \frac{1740}{4 \times 0.9 \times 0.85 \times 0.9} \mathrm{W} \approx 534 \mathrm{W}$$

表 1-7 例 1-10 各负载日用电量统计表

序号	负载名称	直流/交流	负载功率/W	数量	合计功率/W	每日工作时间/h	每日用电量/W·h
1	彩色电视机	交流	100	1 台	100	3	300
2	节能灯	交流	12	10 台	120	4	480
3	电扇	交流	40	1 台	40	4	160
4	洗衣机	交流	200	1 台	200	2	400
5	水泵	交流	200	1 台	200	2	400
	合计	—	—	—	400		1740

3）设计方法 3。

以年辐射总量为依据的计算方法，公式如下：

$$P = \frac{K \times (负载功率 \times 用电时间)}{当地年总辐射量} \tag{1-20}$$

式中，K 为辐射量修正数，单位是千焦/平方厘米·小时（$kJ/cm^2 \cdot h$），当光伏发电系统处于有人维护和一般使用状态时，K 取 230；当系统处于无人维护且要求可靠时，K 取 251；光系统处于无法维护、环境恶劣、要求非常高时，K 取 276。

【例 1-11】 某一太阳能路灯，使用 20W/12V 的节能灯作为光源，每天工作 5h，要求能连续工作 3 个阴雨天。已知当地的全年辐射总量为 580kJ/cm^2，求光伏组件的功率。

解：把上述参数代入式（1-20）得

$$P = \frac{20 \times 5}{580} \times 276W = 47.59W$$

4）设计方法 4。

以年辐射总量和斜面修正系数为依据的计算方法，常用于离网光伏发电系统的快速设计与计算，也可以用于对其他计算方法的验算，其主要参照的太阳能辐射参数是当地年辐射总量和斜面修正系数。

首先应根据各用电器的额定功率和日平均工作的小时数，计算出总用电量。

$$负载总用电量 = \sum 用电器功率 \times 日平均工作时间 \tag{1-21}$$

组件功率为

$$P = \frac{系数 5618 \times 安全系数 \times 负载用电量}{斜面修正系数 \times 水平面平均辐射量} \tag{1-22}$$

式中，系数 5618 是将充放电效率系数、光伏组件衰降系数等因素，经单位换算及简化处理后得出的系数。安全系数是根据使用环境、有无备用电源、是否有人值守等因业确定，一般取值范围为 1.1～1.3。

5）设计方法 5。

① 光伏组件串联数 N_s。

太阳能光伏组件按一定数目串联起来，就可获得所需要的工作电压。但是，太阳能光伏组件的串联数必须适当。串联数太少，串联电压低于蓄电池浮充电压，方阵就不能对蓄电池充电。如果串联数太多使输出电压远高于浮充电压时，充电电流也不会有明显的增加。因此，只有当太阳能光伏组件的串联电压等于合适的浮充电压时，才能达到最佳的充电状态。

计算方法如下：

$$N_s = \frac{U_R}{U_{DC}} = \frac{U_f + U_D + U_C}{U_{DC}} \tag{1-23}$$

式中 U_R——光伏方阵输出最小电压；

U_{DC}——太阳能电池组件的最佳工作电压，即 U_{mp}；

U_f——蓄电池浮充电压；

U_D——二极管压降，一般取 0.7V；

U_C——其他因数引起的压降。

电池的浮充电压和所选的蓄电池参数有关，应等于在最低温度下所选蓄电池单体的最大工作电压乘以串联的电池数。

② 光伏组件并联数 N_P。

在确定 N_P 之前，我们先确定其相关量的计算方法。

将光伏阵列安装地点的太阳能日辐射量 H_t，转换成在标准光强下的平均日辐射时数 H（日辐射量参见表 1-8）。

$$H = \frac{2.778H_t}{10000} \tag{1-24}$$

式中，2.778/10000 为将日辐射量换算为标准光强（1000W/m²）下的平均日辐射时数的系数。

表 1-8 我国主要城市的辐射参数表

城市	纬度 /Φ	日辐射量 H_t /（kJ/m²）	平均日照 /h	最佳倾角/Φ_{op}	斜面日辐射量 /（kJ/m²）	修正系数 /K_{op}
哈尔滨	45.68	12703	4.39	$\Phi+3$	15838	1.1400
长春	43.90	13572	4.75	$\Phi+1$	17127	1.1548
沈阳	41.77	13793	4.60	$\Phi+1$	16563	1.0671
北京	39.80	15261	5	$\Phi+4$	18035	1.0976
天津	39.10	14356	4.65	$\Phi+5$	16722	1.0692
呼和浩特	40.78	16574	5.57	$\Phi+3$	20075	1.1468
太原	37.78	15061	4.83	$\Phi+5$	17394	1.1005
乌鲁木齐	43.78	14464	4.6	$\Phi+12$	16594	1.0092
西宁	36.75	16777	5.45	$\Phi+1$	19617	1.1360
兰州	36.05	14966	4.4	$\Phi+8$	15842	0.9489
银川	38.48	16553	5.45	$\Phi+2$	19615	1.1559
西安	34.30	12781	3.59	$\Phi+14$	12952	0.9275
上海	31.17	12760	3.38	$\Phi+3$	13691	0.9900
南京	32.00	13099	3.94	$\Phi+5$	14207	1.0249
合肥	31.85	12525	3.69	$\Phi+9$	13299	0.9988
杭州	30.23	11668	3.43	$\Phi+3$	12372	0.9362
南昌	28.67	13094	3.8	$\Phi+2$	13714	0.8640
福州	26.08	12001	3.45	$\Phi+4$	12451	0.8978

城市	纬度 /Φ	日辐射量 H_t /（kJ/m²）	平均日照 /h	最佳倾角/Φ_{op}	斜面日辐射量 /（kJ/m²）	修正系数 /K_{op}
济南	36.68	14043	4.44	$\Phi+6$	15994	1.0630
郑州	34.72	13332	4.04	$\Phi+7$	14558	1.0476
武汉	30.63	13201	3.8	$\Phi+7$	13707	0.9036
长沙	28.20	11377	3.21	$\Phi+6$	11589	0.8028
广州	23.13	12110	3.52	$\Phi-7$	12702	0.8850
海口	20.03	13835	3.84	$\Phi+12$	13510	0.8761
南宁	22.82	12515	3.53	$\Phi+5$	12734	0.8231
成都	30.67	10392	2.88	$\Phi+2$	10304	0.7553
贵阳	26.58	10327	2.86	$\Phi+8$	10235	0.8135
昆明	25.02	14194	4.25	$\Phi-8$	15333	0.9216
拉萨	29.70	21301	6.7	$\Phi-8$	24151	1.0964

光伏组件日发电量 Q_p

$$Q_p = I_{oc}HK_{op}C_z \tag{1-25}$$

式中　I_{oc}——太阳能电池组件最佳工作电流，即 I_{mp}；

　　K_{op}——斜面修正系数（见表1-8）；

　　C_z——修正系数，主要为组合、衰减、灰尘、充电效率等的损失，一般取0.8。

式（1-26）~ 式（1-28）设计之独特之处，主要考虑要在此段时间内将亏损的蓄电池电量补充起来，需补充的蓄电池容量 C 为

$$C = KQ_LD \tag{1-26}$$

式中　C——蓄电池组的容量，单位为 A·h；

　　K——安全系数，取 1.1 ~ 1.4；

　　Q_L——负载日平均耗电量，单位为 A·h；

　　D——最长连续阴雨天数。

负载日平均耗电量为

$$Q_L = \frac{P_O}{U}t \tag{1-27}$$

式中　Q_L——负载日平均耗电量，单位为 A·h；

　　P_O——负载功率，单位为 W；

　　U——系统电压，单位为 V；

　　t——负载每天工作时间，单位为 h。

光伏组件并联数为

$$N_P = \frac{C + N_WQ_L}{Q_PN_W} \tag{1-28}$$

式中　C——蓄电池组的容量，单位为 A·h；

　　N_W——两组最长连续阴雨天之间的最短间隔天数（一般 $N_w = 30$ 天）；

　　Q_L——负载日平均耗电量，单位为 A·h；

　　Q_P——光伏组件日发电量，单位为 A·h。

式（1-28）表达意为：并联的太阳能电池组组数，在两组连续阴雨天之间的最短间隔天数内所发电量，不仅供负载使用，还需补足蓄电池在最长连续阴雨天内所亏损电量。

根据光伏组件的串并联数，可得出光伏阵列的功率 P

$$P = P_O N_S N_P \tag{1-29}$$

式中　P——光伏阵列功率，单位为 W；

P_O——光伏组件的额定功率，单位为 W；

N_S——光伏组件串联数；

N_P——光伏组件并联数。

【例 1-12】　南京某地面卫星接收站为例，负载电压为 12V，功率为 25W，每天工作 24h，最长连续阴雨天为 5 天，两最长连续阴雨天最短间隔天数为 30 天，光伏组件参数如下：组件标准功率为 38W，工作电压 17.1V，工作电流 2.22A，蓄电池采用铅酸免维护蓄电池，浮充电压为（14±1）V。其斜面太阳辐射数据参照表 1-8，其斜面的年平均日辐射量为 14207（kJ/m²），K_{op} 值为 1.0249，最佳倾角为 37°，计算光伏阵列的功率。

解： 光伏组件的串联数 $N_s = \dfrac{U_f + U_D + U_C}{U_{DC}} = \dfrac{14 + 0.7 + 2}{17.1} = 0.92 \approx 1$

光伏组件日发电量 $Q_p = I_{oc} H K_{op} C_z = 2.22 \times 14207 \times 2.778/10000 \times 1.0249 \times 0.8 \text{A·h} = 7.18\text{A·h}$

负载日平均耗电量　$Q_L = \dfrac{P_O}{U}t = \dfrac{25}{12} \times 24\text{A·h} = 50\text{A·h}$

蓄电池组的容量　$C = KQ_L D = 1.2 \times 25/12 \times 24 \times 5\text{A·h} = 300\text{A·h}$

光伏组件并联数　$N_P = \dfrac{C + N_W Q_L}{Q_P N_W} = \dfrac{300 + 30 \times 50}{7.18 \times 30} = 8.35 \approx 9$

光伏阵列的功率　$P = P_O N_S N_p = 38 \times 1 \times 9\text{W} = 342\text{W}$

6）设计方法 6。

在考虑蓄电池充电效率、光伏组件损耗系数、逆变效率等各种因素的影响后，引入相关修正系数，得

$$组件并联数 = \frac{负载日平均用电量}{组件日平均发电量 \times 充电效率 \times 组件损耗系数 \times 逆变效率} \tag{1-30}$$

$$组件串联数 = \frac{系统工作电压 \times 1.43}{组件峰值电压} \tag{1-31}$$

【例 1-13】　某一地区建设的光伏发电系统为以下负载供电：荧光灯 4 盏，每盏功率 40W，每盏工作 4h；电视机两台，每台功率为 70W，每天工作 5h。系统工作电压为 48V。选用组件参数：峰值电压为 17.4V，峰值电流为 5.75A，峰值功率为 100W。当地峰值日照时数为 3.43h。修正因数：充电效率为 0.9，组件损耗系数为 0.9，逆变效率为 0.9。试确定组件的数目。

解： 组件串联数 $= \dfrac{48 \times 1.4}{17.4} \approx 4$

负载平均用电量 $= \dfrac{4 \times 40 \times 4 + 2 \times 70 \times 5}{48}\text{A·h} \approx 27.92$（A·h）

$$组件并联数 = \frac{27.92}{5.75 \times 3.43 \times 0.9 \times 0.9 \times 0.9} \approx 2$$

总的光伏组件数 = 4（串）×2（并）= 8

当计算组件串、并联数时，采用就高不就低的原则。

该阵列的总功率 = 2 × 4 × 100W = 800W

（4）光伏组件的选型

太阳能电池组件按太阳电池的材料分类可分为晶体硅太阳能电池组件和薄膜太阳能电池组件。单晶硅太阳电池在制造过程中能耗较高，在市场中所占比例逐渐下降；多晶硅太阳电池比非晶硅转换效率高且性能稳定，但是价格稍贵。随着高纯多晶硅产能近几年的扩张，多晶硅太阳能电池组件的成本进一步下降。因此，从转换效率、组件性能、设备初投资等几方面综合考虑，在工程设计中应采用环保经济型多晶硅太阳能电池组件。目前，世界上太阳能光伏电池 90% 以上是以单晶硅或多晶硅为原材料生产的。

组件选型的要点：①颜色与质感；②强度与抗变形的能力；③寿命与稳定性；④发电效率；⑤尺寸和形状；⑥组件价格；⑦环境友好度等。

4. 光伏控制器选型

光伏控制器（如图 1-11 所示）的作用是对太阳能电池组件所发的电能进行调节和控制，最大限度地对蓄电池进行充电，并对蓄电池起到过充电保护、过放电保护的作用。在温差较大的地方，光伏控制器还应具备温度补偿的功能。

图 1-11　光伏控制器

（1）光伏控制器主要技术参数

1）系统电压。

系统电压即额定工作电压，指光伏发电系统的直流工作电压，通常有 6 个标称电压等级，即 12V、24V、48V、110V、220V 和 500V。

2）最大充电电流。

最大充电电流是指光伏组件或阵列阵输出的最大电流，根据功率大小分为 5A、6A、8A、10A、12A、20A、30A、40A、50A、70A、100A、150A、200A、250A 和 300A 等多种规格。有些生产厂家用光伏组件最大功率来表示这一内容，间接地体现最大充电电流这一技术参数。

3）太阳能电池方阵输入路数。

小功率光伏控制器一般都是单路输入，而大功率光伏控制器都是由太阳能电池方阵多路输入，一般大功率光伏控制器可输入 6 路，最多可接入 12 路、18 路。

4）电路自身损耗。

电路自身损耗也叫作空载损耗（静态电流）或最大自身损耗。为了降低控制器的损耗，提高光伏电源转换效率，控制器的电路自身损耗要尽可能低。控制器的最大自身损耗不得超过其额定充电电流的 1% 或 0.4W。根据电路不同，自身损耗一般为 5～20mA。

5）蓄电池过充电保护电压。

蓄电池过充电保护电压也叫作充满断开或过电压关断电压，一般可根据需要及蓄电池类型的不同，设定在 14.1～14.5V（12V 系统）、28.2～29V（24V 系统）和 56.4～58V（48V 系统）之间，典型值分别为 14.4V、28.8V 和 57.6V。

6）蓄电池充电保护的关断恢复电压。

蓄电池充电保护的关断恢复电压指蓄电池过充后，停止充电，进行放电，再次恢复充电的电压。一般设定为 13.1～13.4V（12V 系统）、26.2～26.8V（24V 系统）和 52.4～53.6V（48V 系统），典型值分别为 13.2V、26.4V 和 52.8V。

7）蓄电池的过放电保护电压。

蓄电池的过放电保护电压叫作欠电压断开或欠电压关断电压，一般可根据需要及蓄电池类型的不同，设定在 10.8～11.4V（12V 系统）、21.6～22.8V（24V 系统）和 43.2～45.6V（48V 系统），典型值分别为 11.1V、22.2V 和 44.4V。

8）蓄电池过放电保护的关断恢复电压。

蓄电池过放电保护的关断恢复电压指蓄电池放电过放电保护电压后，切断负载，等到太阳能给蓄电池充电某一电压，重新对负载供电的电压值。一般设定为 12.1～12.6V（12V 系统）、24.2～25.2V（24V 系统）和 48.4～50.4V（48V 系统），典型值分别为 12.4V、24.8V 和 49.6V。

9）蓄电池充电浮充电压。

当电池处于充满状态时，充电器不会停止充电，仍会提供恒定的电压给电池充电，此时电压称为浮充电压，一般为 13.7V（12V 系统）、27.4V（24V 系统）和 54.8V（48V 系统）。

10）温度补偿。

控制器一般都有温度补偿功能，以适应不同的环境工作温度，为蓄电池设置更为合理的充电电压。

11）工作环境温度。

控制器的使用或工作环境温度范围随厂家而不同，一般在 -20～50℃。

12）其他保护功能。

① 控制器输入、输出短路保护功能。控制器的输入、输出电路都要具有短路保护电路。

② 防反充保护功能。控制器要具有防止蓄电池向太阳能电池反向充电的保护功能。

③ 极性反接保护功能。当太阳能电池组件或蓄电池接入控制器的极性接反时，控制器要具有保护电路的功能。

④ 防雷击保护功能。控制器输入端应具有防雷击的保护功能，防雷器的类型和额定值应能确保吸收预期的冲击能量。

⑤ 耐冲击电压和冲击电流保护。在控制器的太阳能电池输入端施加 1.25 倍的标称电压

持续 1h，控制器不应该损坏。将控制器充电回路电流达到标称电流的 1.25 倍并持续 1h，控制器也不应该损坏。

（2）光伏控制器的分类

光伏控制器基本上可分为五种类型：并联型、串联型、脉宽调制型、智能型和最大功率跟踪型。

并联型控制器：当蓄电池充满时，利用电子器件把光伏阵列的输出分流到内部并联电阻器或功率模块上去，以热的形式消耗掉。因为这种方式消耗热能，所以一般用于小型、低功率系统，例如电压在 12V、20A 以内的系统。这类控制器没有如继电器之类的机械部件，较为可靠。

串联型控制器：利用机械继电器控制充电过程，并在蓄电池充满时切断光伏阵列。继电器的容量决定充电控制器的功率等级，其电流可达 45A 以上，可用于大功率系统。

脉宽调制型控制器：它以 PWM 脉冲方式开关光伏阵列的输入。当蓄电池趋向充满时，脉冲的频率和时间缩短。这种充电过程形成较完整的充电状态，它能增加光伏发电系统中蓄电池的总循环寿命。

智能型控制器：采用带 CPU 的单片机（如 Intel 公司的 MCS51 系列或 Microchip 公司 PIC 系列）对光伏发电系统的运行参数进行高速实时采集，并按照一定的控制规律由软件程序对单路或多路光伏阵列进行切离/接通控制。对中、大型光伏发电系统，还可通过单片机的 RS232 接口配合 MODEM 调制解调器进行远距离控制。

最大功率跟踪型控制器：对光伏组件的电压 U 和电流 I 检测后相乘得到功率 P，然后判断光伏组件此时的输出功率是否达到最大，若不在最大功率点运行，则调整脉宽，调制输出占空比 δ，改变充电电流，再次进行实时采样，并做出是否改变占空比的判断，通过这样寻优过程可保证太阳能电池始终运行在最大功率点，以充分利用太阳能电池方阵的输出能量。同时采用 PWM 调制方式，使充电电流成为脉冲电流，以减少蓄电池的极化，提高充电效率。

（3）光伏控制器选型考虑的主要技术指标

光伏控制器的配置选型要根据整个系统的各项技术指标并参考厂家提供的产品样本手册来确定。一般要考虑下列几项技术指标。

1）系统工作电压，指光伏发电系统中蓄电池组的工作电压。控制器的系统电压应与蓄电池的电压保持一致。如 12V 控制器用于 12V 系统，24V 控制器用于 24V 系统等。控制器的最大输入电压≥组件串最大电压 1.2 ~ 1.5 倍。

2）光伏控制器的额定输入电流和输入路数。光伏控制器的额定输入电流取决于太阳能电池组件或阵列的输入电流（通常以短路电流作为方阵的最大电流值），选型时光伏控制器的额定输入电流应等于或大于太阳能电池的输入电流。为提高安全系数，在此短路电流的基础上再加 25% 裕量。最大输入电流≥光伏阵列并联短路电流 1.2 ~ 1.5 倍。

光伏控制器的控制电流公式为

$$I = P_0/U \tag{1-32}$$

式中　I——光伏控制器的控制电流，单位为 A；

　　P_0——太阳能电池组件的峰值功率（或为阵列），单位为 Wp；

　　U——蓄电池组的额定电压，单位为 V。

光伏控制器的输入路数要多于或等于太阳能电池方阵的设计输入路数。各路电池方阵的输出电流应小于或等于光伏控制器每路允许输入的最大电流值。

3）光伏控制器的额定负载电流。也就是光伏控制器输出到直流负载或逆变器的直流输出电流，该数据要满足负载或逆变器的输入要求。

在光伏控制器选型中考虑问题的顺序如下：首先，根据光伏系统蓄电池的电压选择光伏控制器的工作电压等级；然后，根据光伏阵列（组件）的容量大小和光伏组件串的并联数量，计算光伏控制器的充电电流和控制方式；再次，根据负载特点选择是否需要光伏控制器的蓄电池过放电控制功能，如需要，则根据负载功率计算放电电流大小；最后，依据用户要求选择是否需要其他辅助功能，列出满足要求的光伏控制器生产厂和型号，按系统配置最优原则确定光伏控制器。

（4）离网光伏发电系统的光伏控制器的选型

户用光伏发电系统容量小于1kWp，为安全和方便安装移动考虑，蓄电池一般为12V或24V，光伏组件较少，一般采用一组串联的接线方式。选用光伏控制器也应先确定控制器的工作电压和电流，由于只有一组光伏组件，所以控制方式应选用PWM控制。考虑用户使用和维护的方便，光伏控制器的操作和显示方式越少、越直观越好，尽量不要各种辅助功能。对于只给直流负载供电的光伏发电系统，光伏控制器必须提供蓄电池过放电保护功能。目前流行的户用光伏发电系统多为交流供电，系统中配备了逆变器，甚至将控制器和逆变器制作在一起构成控制逆变一体机，光伏控制器就不必要提供单独的蓄电池过放电保护功能了。

对于安装容量为1~5kWp的系统，选择光伏控制器时，则先根据系统设计的蓄电池电压等级确定光伏控制器的工作电压，如通信基站一般的仪器设备是48V直流供电的，蓄电池就是48V的标称电压，光伏控制器则要选择48V的；再根据选用光伏组件的电流值和组件串并联数量计算最大充电电流，确定光伏控制器的工作电流。对于1~5kWp系统的光伏控制器，常见的控制方式有脉宽调制（PWM）控制和多路多阶控制，如果构成系统的光伏组件串的并联数达到5个以上，使用分路多阶控制方式的控制器就可达到较理想的充电效果；如果并联数少于5个，就建议使用脉宽调制控制方式的控制器；其他的辅助功能可以按需要选择。

光伏安装容量大于5kWp的系统一般为解决边远地区村落居民生活用电而建设的电站，具有系统电压高（常见为直流110V或220V）、光伏组件串的并联数多（一般远远大于5个）的特点，一般选择使用多路多阶控制方式的光伏控制器就可以达到满意的效果，如果容量较大，就可使用多个分路多阶控制器构成大功率控制器组的形式。

需要注意的是，一般通信基站等专业用户使用的直流电源，直接从蓄电池组取电，只要蓄电池还有一点电，就必须保持工作，因此选择此类独立光伏发电系统的控制器时，一般不使用具有负载放电控制功能的控制器，即使选用具有该功能的控制器，也需要禁止该功能的使用。对于村落光伏电站而言，给交流负载供电必须要用逆变器，逆变器本身就具有蓄电池过放电保护功能，实际的使用说明，控制器和逆变器双重的过放电保护并不会带来更多的安全性，反而会因为过多的保护动作带来不必要的麻烦。

5. 离网光伏逆变器的选型

离网逆变器的作用是把直流电转换成交流电，给交流负载使用。为了提高光伏发电系统的整体性能，保证系统的长期稳定运行，选择与系统匹配的逆变器非常重要，要选择好逆变器则必须正确理解其主要技术参数。

（1）对离网逆变器的主要技术要求

1）可靠性。

逆变器是影响系统可靠性的主要因素之一。由于离网逆变器一般工作在边远地区或无人值守的地方，一旦出现问题维修很不方便，所以离网逆变器的首要要求是必须运行可靠安全。

2）额定输出容量。

额定输出容量是指当输出功率因数为1时，逆变器额定输出电压与额定输出电流的乘积，其单位为 V·A 或 kV·A。它表征了逆变器对负载的供电能力。额定输出容量越大，逆变器的带负载能力越强。在此需特别指出的是，当逆变器不是纯阻性负载时，逆变器的带负载能力将小于它所给出的额定输出容量值。

3）逆变器效率。

逆变器效率是衡量逆变器性能一个重要技术参数。它是指在规定条件下输出的功率与输入功率之比，用来表征其自身损耗功率的大小，通常以百分数表示。GB/T 19064—2003 规定逆变器的输出功率大于等于额定功率的75%时，效率应大于等于80%。

容量较大的逆变器还应给出满负荷效率值和低负荷效率值，10kW 级以下逆变器的效率应为 80%~85%，10kW 级逆变器的效率应为 85%~90%。逆变器效率的高低对光伏发电系统提高有效发电量和降低发电成本有重要影响。

4）起动性能。

一般电感性负载，如电机、电冰箱、空调、洗衣机、大功率水泵等，在起动时，功率可能是额定功率的5~6倍，逆变器将承受大的瞬时浪涌功率。逆变器应保证在额定负载下可靠起动，高性能的逆变器可做到连续多次满负荷起动而不损坏功率器件。小型逆变器为了自身安全，有时需采用软起动或限流起动。

5）输出电压的调整性能。

输出电压的调整性能表示光伏逆变器输出电压的稳压能力。一般光伏逆变器产品都给出了当直流输入电压在允许波动范围变动时，该光伏逆变器输出电压的波动偏差的百分率，这个百分率通常称为电压调整率。高性能的光伏逆变器应同时给出当负载由零向100%变化时，该光伏逆变器输出电压的偏差百分率，这个百分率通常称为负载调整率。性能优良的光伏逆变器的电压调整率应小于等于 ±3%，负载调整率应小于等于 ±6%。在离网型光伏发电系统中均以蓄电池为储能设备。当标称电压为12V的蓄电池处于浮充电状态时，端电压可达13.5V，短时间过充电状态可达15V。蓄电池带负荷放电终了时端电压可降至10.5V或更低。蓄电池端电压的起伏可达标称电压的30%左右。这就要求逆变器具有较好的调压性能，才能保证光伏发电系统以稳定的交流电压供电。

6）系统输入电压。

系统输入电压指光伏发电系统的直流工作电压，电压一般为12V、24V、36V、48V、110V、220V 等。

7）系统输出电压及频率。

指逆变器输出至负载的工作电压及频率，一般逆变器的额定输出电压值为220V（单相）或者 380V（三相），对额定输出电压值有如下规定：在稳定状态运行时，电压波动范围偏差不得超过额定值的 ±5%；在负载突变时（如额定负载的 0%、50%、100%）或其他因素干扰情况下，电压偏差不得超过额定值的 ±8% ~ ±10%。GB/T 19064—2003 标准中规定的输出频率应为 49 ~ 51Hz。

8）保护功能。

对于一款性能优良的逆变器来讲，它还应具备完备的保护功能或措施，以应对在实际使用过程中出现的各种异常情况，使其自身及系统其他部件免受损伤。

① 输入欠电压保护。当输入端电压低于额定电压的 85% 时，逆变器应有保护和显示。

② 输入过电压保护。当输入端电压高于额定电压的 130% 时，逆变器应有保护和显示。

③ 过电流保护。应能保证在负载发生短路或电流超过允许值时及时动作，使其免受浪涌电流的损伤。当工作电流超过额定的 150% 时，逆变器应能自动保护。

④ 输出短路保护。逆变器短路保护动作时间应不超过 0.5s。

⑤ 输入反接保护。当输入端正、负极接反时，逆变器应有防护功能和显示。

⑥ 防雷保护。逆变器应有防雷保护。

另外，对无电压稳定措施的逆变器来讲，它还应有输出过电压防护措施，以使负载免受过电压的损害。

9）通信功能。

逆变器具有通信功能，具有 RS485 \ RS232 \ USB 接口等。

表 1-9 为单相 DC12V 小型离网逆变器的参数。

表 1-9　单相 DC12V 小型离网逆变器参数

项目	规格	200W	300W	500W	1000W
直流输入	额定电压/V	12			
	额定电流/A	16	25	42	84
	电压允许范围/V	11.0 ~ 15.0			
	欠电压保护点/V	10.8			
	欠电压恢复点/V	12.3			
	过电压保护点/V	17.0			
	过电压恢复点/V	15.05			
交流输出	额定功率/kW	0.2	0.3	0.5	1
	额定电压及频率	220V、50Hz			
	额定电流/A	1	1.5	2.5	4.5
	输出电压精度	$220V \times (1 \pm 3\%)$			
	输出频率精度	$50Hz \times (1 \pm 0.05\%)$			
	输出波形失真率（THD）	<4%（线性负载）			
	动态响应（负载 0% ~ 100%）	5%，<50ms			
	功率因数	0.8			
	逆变效率（80% 阻性负载）	>90%			
	绝缘强度（输入和输出）	1500V，1 分钟			
	过载能力	125%，60s/150%，10s			

项目	规格	200W	300W	500W	1000W
通信和保护	RS485/RS232	RS485（A/D＋、B/D－）/RS232（RX、TX、GND）			
	保护功能	输入反接保护、输入欠电压保护、输入过电压保护、输出过载保护、输出短路保护、机器过热保护			
	短路保护	不恢复			
工作环境	防护等级	IP20			
	使用海拔/m	＜3000			
	环境温度/℃	－20～65			
	噪声（1m）	＜60dB			

（2）离网光伏逆变器的选型

逆变器的配置除了要根据整个光伏发电系统的各项技术指标并参考生产厂家提供的产品样本手册来确定，一般还要重点考虑下列几项技术指标。

1）额定输出功率（容量）。

额定输出功率表示光伏逆变器向负载供电的能力。选用光伏逆变器时，应首先考虑具有足够的额定功率，以满足最大负荷下设备对电功率的要求和对系统进行扩容及接入一些临时负载。对于以单一设备为负载的逆变器，其额定容量的选取较为简单，当用电设备为纯阻性负载或功率因数大于0.9时，选取逆变器的额定容量为电设备容量的1.1～1.15倍即可；如果负载为电动机等感性负载，则要求额定容量为电设备容量的5～10倍，考虑到逆变器本身具有一定过载能力，逆变器的容量可适当取小些。在逆变器以多个设备为负载时，逆变器容量的选取要考虑几个用电设备同时工作的可能性，即"负载同时系数"。

2）输入电压。

逆变器的输入电压≥蓄电池串联电压，即与系统电压保持一致。

3）输出电压和频率。

输出电压应等于负载额定电压，一般单相负载为220V，三相负载为380V；频率一般为50Hz。

6. 光伏阵列防雷汇流箱选型

（1）汇流箱简介

在光伏发电系统中用户将一定数量、规格相同的光伏电池串联起来组成的一个个光伏串列，然后再将若干个光伏串列并联，而汇流箱就是将这些组合好的光伏串列并联接入汇流后再输出。其实物图和电路图如图1-12所示。为了提高系统的可靠性和实用性，在光伏阵列防雷汇流箱里配置了光伏专用的直流防雷模块、直流熔断器和断路器等。

（2）光伏汇流箱选型应考虑的因素

1）汇流箱的功能。

汇流箱除了具有汇流功能外，一般还具有短路保护、防雷、监控等功能，可根据实际情况进行选择，功能越多制造成本越大，购买费用也就相应增加，一般保护、防雷、还有必要具备的防范措施，监控系统根据实际情部决定是否需要，如果系统中另外有一套监控系统，那么箱子本身的监控系统就不必要了。

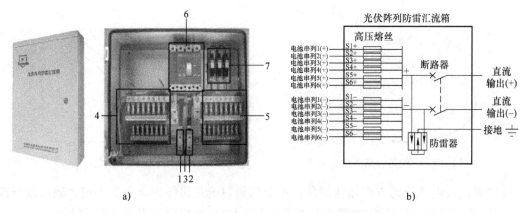

图1-12　光伏阵列防雷汇流箱实物图和电路图

a）实物图　b）电路图

1—直流正极汇流输出　2—直流负极汇流输出　3—接地端　4—直流正极汇流板（每路输入串入一熔断器）

5—直流负极汇流板（每路输入串入一熔断器）　6—断路器　7—防雷器

2）技术参数。

技术参数方面可参考的一些参数有输入路数（常用的有6、8和16路等），最大输入电压（一般为DC1000V），每路输入电流，检测单元监测每路输入电流、输出电压等。其中汇流箱熔断器选型要求，其电流大小为1.56I_{sc}，I_{sc}为电池组件短路电流。

3）使用环境要求。

使用环境温度要求、海拔要求、防护等级及体积大小也应作为选型依据。

7. 光伏支架的选型

（1）设计原则

应在安装地进行设计阵列支架。在保证强度和钢度的前提下，尽量节约材料，简化制造工艺，降低成本。

（2）阵列支架的方位角和倾斜角

光伏阵列的方位角是阵列的垂直面与正南方向的夹角（设定向东偏为负角度，向西为正角度），方位角和高度角如图1-13所示。在一般情况下，方阵朝向正南（即方阵垂直面与正南的夹角为0°）时，太阳能电池发电量是最大的。在偏离正南（北半球）30°时，方阵的发电量将减少约10%～15%；在偏离正南（北半球）60°时，方阵的发电量将减少约20%～30%。但是，在晴朗的夏天，太阳辐射能量的最大时刻是在中午稍后，因此将方阵的方位稍微向西偏一些，在午后时刻可获得最大发电功率。在不同的季节，太阳能电池方阵的方位稍微向东或西一些都有获得发电量最大的时候。对于地球上的某个地点，太阳高度角（或仰角）是指太阳光的入射方向和地平面之间的夹角，从专业上讲，太阳高度角是指某地太阳光线与该地做垂直于地心的地表切线的夹角，如图1-13所示。

倾斜角是光伏阵列平面与水平地面的夹角，如图1-14所示。斜面上接收太阳总辐射量达到最大值（阵列一年中发电量最大）时，称为最佳倾角。根据几何原理，欲使阳光垂直射在太阳能电池板上，则电池板的倾角按下列公式计算，即

$$倾角 = 90° - 高度角（仰角）$$

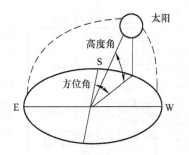

图 1-13　方位角和高度角

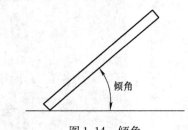

图 1-14　倾角

离网光伏发电系统的方阵最佳倾角按照最低辐射度月份倾斜面上受到较大辐射量来选取。推荐方阵倾角在当地纬度的基础上再增加 5°～15°。可根据具体情况进行优化。

并网光伏发电系统的方阵最佳倾角按照全年发电量（或辐射量）最优来选取。倾角等于当地纬度时可常使全年在方阵表面上的太阳辐射能达到最大，全年发电量也最大。

光伏水泵系统的方阵最佳倾角按照夏天发电量（或辐射量）最优来选取。倾角等于当地纬度减小 5°～15°时可常使夏天在方阵表面上的太阳辐射能达到最大，发电量也最大。

特殊情况：对于安装在屋顶上的光伏方阵，其倾角就等于屋顶的倾角；对于安装在建筑物正面的光伏方阵，其倾角等于 90°。

当然，也可以采用 PVsyst 软件优化设计。

（3）支架的材质选择

目前常用的材质有 SUS304 不锈钢、SUS202、C 型钢、Q235 普通钢、热浸镀锌和铁等。根据设计的使用寿命和环境来决定支架的材质，使用寿命可参考如下。

1）钢 + 表面涂漆（有颜色）：5～10 年。

2）钢 + 热浸镀锌：20～30 年。

3）不锈钢：30 年以上。

可根据使用及经济情况进行选择。

（4）光伏阵列前后排的距离

对光伏阵列的安装支架必须考虑前后排的间距，以防止在日出日落时前排光伏组件产生的阴影遮挡住后排的光伏组件而影响光伏阵列的输出功率。根据光伏发电系统所在的地理位置、太阳运动情况、安装支架的高度等因素，可以由下面公式计算出固定式支架前后排之间的最小距离，即

$$d = \frac{0.707H}{\tan\left[\arcsin(0.648\cos\phi - 0.399\sin\phi)\right]} \tag{1-33}$$

式中，ϕ 为安装光伏发电系统所在地区的纬度，H 为前排组件最高点与后排组件最低点的差距（即后排组件的底边至前排遮盖物上边的垂直高度）。阵列前后排间距的示意图如图 1-15 所示。

8. 防雷、接地系统的设计

离网光伏发电系统接地装置的作用

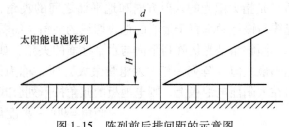

图 1-15　阵列前后排间距的示意图

是把雷电流尽快地散到大地。接地装置包括接地体、接地线和接地引入线，对接地装置的要求是要有足够小的接地电阻和合理的布局。埋在地下的钢管、角钢或钢筋混凝土基础等都可作为接地极使用。

图 1-16 所示为一般独立光伏发电系统的防雷示意图。太阳能发电和用电设备的防雷保护已进行如下处理。

1）在太阳能电池板和逆变器之间加装第一级防雷器 A，型号根据现场逆变器的最大空载电压进行选择。

2）在逆变器与配电柜之间加第二级防雷器 B，型号根据配电柜以及供电设备的工作电压进行选择。

3）太阳能电池板边框、逆变器外壳、控制器外壳和所有防雷器必须良好接地。

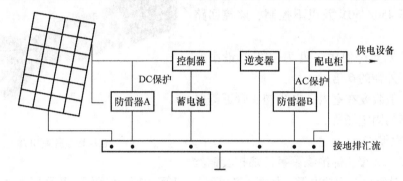

图 1-16　一般独立光伏发电系统的防雷示意图

9. 光伏发电系统中的光伏电缆选型

（1）光伏发电系统电缆种类、特点及敷设方式

光伏发电系统常用电缆主要有光伏专用电缆、动力电缆、控制电缆、通信电缆、射频电缆等。

1）光伏专用电缆。

光伏电缆和普通电缆的区别主要是在绝缘和护套的材料上面，光伏电缆用的材料是辐照料，这种材料耐高温、耐寒、耐油、防老化、防紫外线、环保等，光伏专用电缆常用的型号为 PV1 – F1 × $4mm^2$，如图 1-17 所示，组串到汇流箱的电缆一般用此类电缆。此电缆结构简单，可在恶劣的环境条件下使用，具备一定的机械强度。

图 1-17　PV1 – F1 × $4mm^2$电缆

敷设：可穿管中加以保护，利用组件支架作为电缆敷设的通道和固定，降低环境因素的影响。

2）动力电缆。

动力电缆常用钢带铠装阻燃交联电缆 ZRC – YJV22，如图 1-18 所示，广泛应用于汇流箱到直流柜、直流柜到逆变器、逆变器到变压器、变压器到配电装置的连接电缆、配电装置到电网的连接电缆。

光伏发电系统中比较常见的 ZRC – YJV22 电缆标称截面有 $2.5mm^2$、$4mm^2$、$6mm^2$、

10mm^2、16mm^2、25mm^2、35mm^2、50mm^2、70mm^2、95mm^2、120mm^2、150mm^2、185mm^2、240mm^2、300mm^2。

其特点：①质地较硬，耐温等级 90℃，使用方便，具有介损小、耐化学腐蚀和敷设不受落差限制的特点；②具有较高机械强度，耐环境应力好，良好的热老化性能和电气性能。

敷设：可直埋，适用于固定敷设，适应不同敷设环境（地下、水中、沟管及隧道）的需要。

3）控制电缆。

控制电缆常用 ZRC – KVVP 铜芯聚氯乙烯绝缘聚氯乙烯护套编织屏蔽控制电缆，如图 1-19 所示。适用于交流额定电压 450/750V 及以下控制、监控回路及保护线路。

图 1-18　动力电缆

特点：长期允许使用温度为 70℃。最小弯曲半径不小于外径的 6 倍。

敷设：一般敷设在室内、电缆沟、管道等要求屏蔽、阻燃的固定场所。

4）通信电缆。

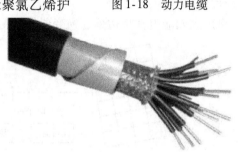

图 1-19　控制电缆

DJYVRP2 –22 聚乙烯绝缘聚氯乙烯护套铜丝编织屏蔽铠装计算机专用软电缆，如图 1-20 所示，适用于额定电压 500V 及以下对于防干扰要求较高的电子计算机和自动化连接电缆。

特点：DJYVRP2 –22 电缆具有抗氧化性，绝缘电阻高，耐电压好，介电系数小的特点，在确保使用寿命的同时，还能减少回路间的相互串扰和外部干扰，信号传输质量高。最小弯曲半径不小于电缆外径的 12 倍。

敷设：电缆允许在环境温度 –40 ~ 50℃ 的条件下固定敷设使用。敷设于室内，电缆沟、管道等要求静电屏蔽的场所。

5）射频电缆。

常用实芯聚乙烯绝缘聚氯乙烯护套射频同轴电缆 SYV，如图 1-21 所示。监控中常用的视频线主要是 SYV75 – 3 和 SYV75 – 5 两种。如果要传输视频信号在 200m 内可以用 SYV75 – 3，如果在 350m 范围内就可以用 SYV75 – 5。可穿管敷设。

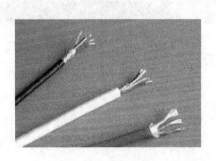

图 1-20　通信电缆

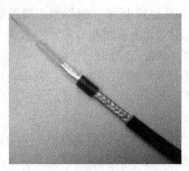

图 1-21　射频电缆

（2）光伏电缆选型的基本要求

1）直流供电回路宜采用两芯电缆，当需要时可采用单芯电缆。

2）高温100℃以上或低温−20℃以下场所不宜用聚氯乙烯绝缘电缆。

3）直埋敷设电缆时，当电缆承受较大压力或者有机械损伤危险时，应用钢带铠装电缆。

4）最大工作电流作用下的电缆芯温度，不得超过按电缆使用寿命确定的允许值。

5）确定电缆持续允许载流量的环境温度，如果电缆敷设在空气中或电缆沟，应取最热月日最高温度的平均值。

（3）光伏电缆的选型计算

电缆截面的选择应满足允许温升、电压损失、机械强度等要求，直流系统电缆按电缆长期允许载流量选择，并按电缆允许压降校验，计算公式如下：

按电缆长期允许载流量：$I_{pc} \geqslant I_{cal}$

按回路允许电压降：$S_{cac} = P \times 2LI_{ca}/\Delta U_p$

式中　I_{pc}——电缆允许载流量，单位为 A；

　　　I_{ca}——计算电流，单位为 A；

　　　I_{cal}——回路长期工作计算电流，单位为 A；

　　　S_{cac}——电缆计算截面，单位为 mm^2；

　　　P——电阻系数，铜导体 $P = 0.0184\Omega \cdot mm^2/m$，铝导体 $P = 0.0315\Omega \cdot mm^2/m$；

　　　L——电缆长度，单位为 m；

　　　ΔU_p——回路允许电压降，单位为 V。

1.1.4　3.6kW 离网光伏发电系统设计

徐州工业职业技术学院在主楼东侧建造一个光伏离网发电系统供电给主楼南广场照明供电，负载情况如表 1-10 所示。

表 1-10　徐州工业职业技术学院主楼南广场负载情况

用电负载	数量	功率/W	总功率/W
路灯	12	60	720
广场灯	6	360	2160
总功率			2880

1. 负载计算

参考表 1-10，总功率为 2.88kW。

2. 光伏组件设计

参考式 1-17，此处系统效率 η_1 取 75%，日照峰值时数取 4.5，则光伏组件功率为

$$P = \frac{P_0 tQ}{\eta_1 T} = \frac{2.88 \times 3.5 \times 1.2}{0.75 \times 4.5}kW \approx 3.6kW$$

所选用组件为江苏艾德太阳能科技有限公司生产的 AD250P6 – Ab 型组件，组件相关信息如图 1-22 所示，技术参数如表 1-11 所示。

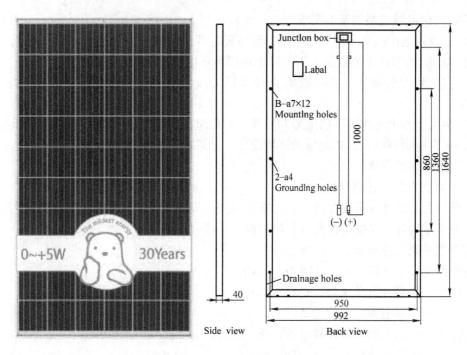

图 1-22　AD250P6 – Ab 型组件

表 1-11　AD250P6 – Ab 多晶硅光伏组件技术参数

项目	参数名称	参数情况	项目	参数名称	参数情况
电气参数	最大输出功率	250W	机械参数	电池片型号	多晶 156mm × 156mm
	最大工作电压	30.67V		电池片数量	60（6 × 10）
	最大工作电流	8.15A		产品尺寸	1640mm × 992mm × 40mm
	开路电压	37.88V		产品重量	18.5kg
	短路电流	8.71A		玻璃	钢化玻璃
	组件转换效率	15.37%		边框材料	银色、阳极氧化铝
	工作温度	− 40 ~ 85℃	温度参数	额定电池工作温度	±45℃
	最大系统电压	DC 1000V		最大功率温度系数	− 0.42%/℃
	最大系列熔丝	15A		开路电压温度系数	− 0.30%/℃
				短路电压温度系数	0.06%/℃

光伏组件总数 $n = 3600/250 \approx 15$

光伏组件串联数 $n_{串} = \dfrac{系统电压 \times 1.43}{组件峰值电压} = \dfrac{48 \times 1.43}{30.67} \approx 3$（就高不就低）

光伏组件并联数 $n_{并} = 15/3 = 5$

根据以上计算可知，光伏组件串联数为 3，并联数为 5，共需 15 块 250Wp（总功率为 3750Wp）的组件构成光伏阵列，连接示意图如图 1-23 所示。

3. 光伏控制器选型

因系统电压为 48V，所以光伏控制器的额定电压取值为 48V。

因总的功率为 3.6kW，则总的输入电流为 3.6kW/48V＝75A；又因负载为 2.88kW，则输出电流 60A。

综合以上因素，考虑一定的冗余量，选择 48V/100A 光伏控制器，其相关资料如图 1-24 和表 1-12 所示。

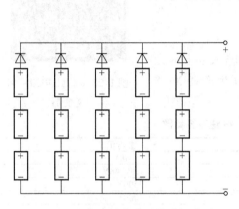

图 1-23　光伏组件串并联构成的阵列

图 1-24　48V/100A 光伏控制器

表 1-12　48V/100A 光伏控制器技术参数

电气参数		蓄电池电压参数	
电气参数描述	具体参数	浮充电压	55.2V
额定系统电压	DC 48V	欠压断开恢复电压	50V
额定充电电流	100A	欠压断开电压	43.2V
蓄电池端子允许电压	≤70V	均衡持续时间	—
光伏输入电压	DC≤100V	提升持续时间	2h
最小光伏输入电压	DC≥58V	环境参数	
光伏输入功率	≤4800W	工作环境温度范围	−35 ~ +55℃
静态损耗*	<0.2A	储存温度范围	−35 ~ +80℃
充电回路压降	≤0.5V	湿度范围	10% ~ 90%无凝结
放电回路压降	≤0.5V	防护等级	IP30
蓄电池电压参数		海拔	≤3000m
过压断开电压	60V	机械参数	
充电限制电压	58V	外形尺寸	355mm×273mm×142（mm）
超压断开恢复电压	56V	安装孔尺寸	295mm×353mm
均衡电压	—	安装孔大小	φ7
提升电压	56.8V	接线端子	24mm²
		净重	7.1kg

4. 蓄电池的选型

参考公式 1-9 所示，蓄电池的容量为

$$C = \frac{P_0 tD}{UK\eta_2} = \frac{2.88 \times 3.5 \times 2}{48 \times 0.6 \times 0.8} A \cdot h = 875 A \cdot h$$

选择理士 GFM-300 的蓄电池，相关参数如表 1-13 所示。

表 1-13　理士 GFM-300 的蓄电池技术参数

型号	电压/V	容量/A·h	长/mm	宽/mm	高/mm	重量/kg
GFM-300	2	300	124	181	346	18

由于系统电压为48V，因此选择24块2V/300Ah串联，再把3个串联电池并联，总容量为 $3 \times 300A \cdot h = 900A \cdot h$。

5. 离网逆变器的选型

离网逆变器选择瑞士Studer的XTM4000-48（为降低成本，选择容量为300A·h的蓄电池，并选择双向逆变器，当蓄电池没电时，由市电对负载供电，同时对蓄电池进行充电），如图1-25所示，技术参数如表1-14所示。

6. 光伏汇流箱的选型

由于组件串共有5串，因此应选择具有5个输入以上的光伏汇流箱，如6路或8路，本设计选用科比特公司生产PVX-8型光伏汇流箱，如图1-26所示。

图1-25　XTM 4000-48
逆变器

表1-14　XTM 4000-48 逆变器参数

技术参数	参考值
额定蓄电池电压	48V
输入电压范围	38~48V
持续功率@25℃	3500V·A
30分钟功率@25℃	4000V·A
最大负载	高达短路
功耗（关闭/待机/打开）	1.8W/2.1W/14W
输出电压	正弦波230V×(1±2%)
输出频率	可调60×(1±0.05%)（晶体控制）
谐波畸变	<2%
交流输入电压范围	150~265V

7. 光伏组件支架及倾斜角的选择

本系统光伏组件支架选用热浸镀锌钢和铝型材（与组件边框接触的横轨），用PVsystem软件仿真优化，参考图1-27，确定倾斜角和方位角分别为46°和正南方向。为减小风压对支架的影响（成本需增加），同时为了减少阵列间距、减少了占地面积，所以实际安装倾斜角为30°。但小的安装倾角要损失一部分发电量。

设计好的电气原理图如图1-28所示。系统连接线按照不大于 $3A/mm^2$ 的电流密度进行选取。

图1-26　PVX-8型光伏汇流箱

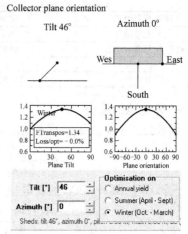

图1-27　系统倾角、方位角确定

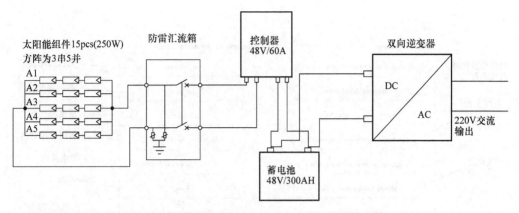

图 1-28　3.6kW 离网光伏发电系统电气原理图

1.1.5　3.6kW 离网光伏发电系统设计仿真

PVsyst 软件主要用来对光伏发电系统进行建模仿真，分析影响发电量的各种因素，并最终计算得出光伏发电系统的发电量。下面利用该软件 PVsyst 6.0 版本对该离网系统进行设计仿真。

1. 建立项目地的气象信息

运行 PVsyst 6 软件出现图 1-29 所示的主界面。

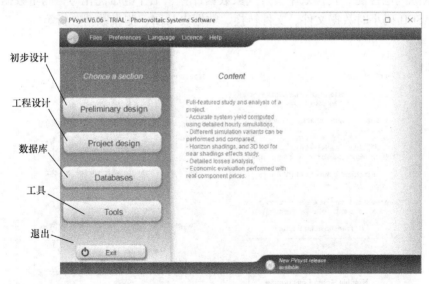

图 1-29　系统主界面

初步设计：在不考虑实际器件的情况下，估算系统组件及发电量的大小。

工程设计：用详细的小时数据准确计算发电量，计算对比不同仿真参量、阴影仿真及损耗分析，利用实际器件的价格进行经济效益估算。

数据库：主要有气象数据库与组件数据库。

单击 ⬚ Databases 按钮，进入图1-30所示数据库界面。

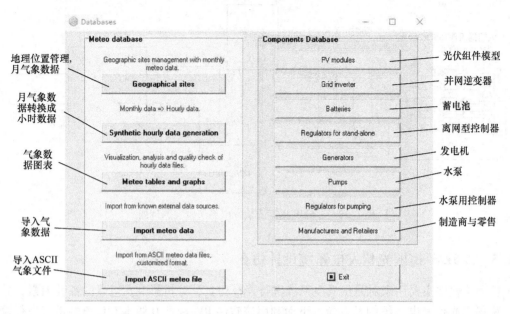

地理位置管理,
月气象数据

月气象数
据转换成
小时数据

气象数
据图表

导入气
象数据

导入ASCII
气象文件

光伏组件模型

并网逆变器

蓄电池

离网型控制器

发电机

水泵

水泵用控制器

制造商与零售

图1-30 数据库界面

单击 ⬚ Tools 按钮进入图1-31所示工具箱界面。太阳能工具大项包括太阳能参数图表、光伏陈列电性能、转换效率、月气象数据计算、工作电压优化等；测量数据处理大项包括导入ASCII码小时数据文件、文件转换、数据表与图、测量数据分析等。

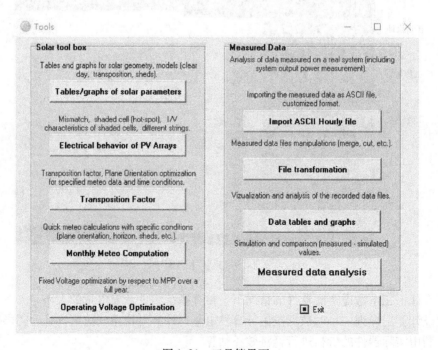

图1-31 工具箱界面

第一次使用软件时，相关地区的气象数据不一定有，需要从数据库中导入或自行输入。参考附录 PVsyst 6 软件简介内容，完成地理位置站点气象数据建立，如图 1-32 和图 1-33 所示。

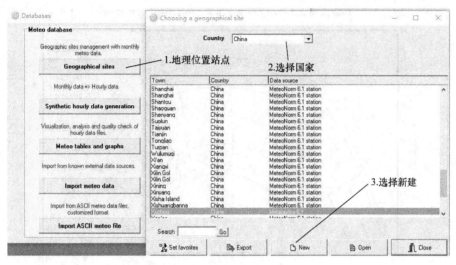

图 1-32　地理位置站点气象数据建立（1）

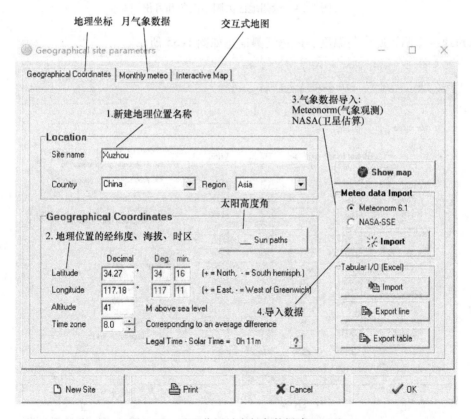

图 1-33　地理位置站点气象数据建立（2）

徐州地区太阳高度角和月份如图 1-34 所示。

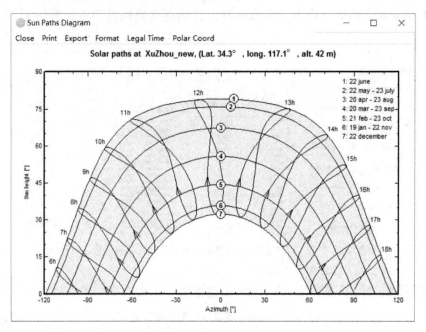

图 1-34　徐州地区太阳高度角和月份

徐州地区太阳辐照度与温度、风速气象信息如图 1-35 所示。

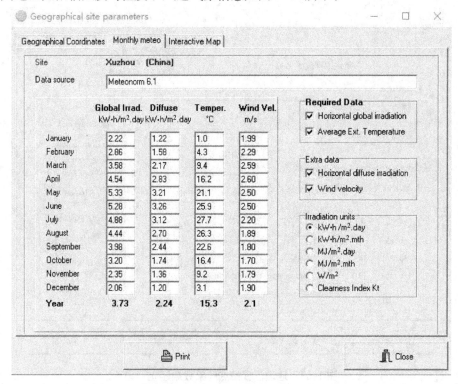

图 1-35　徐州地区太阳辐照度与温度、风速气象信息

2. 3.6kW 离网光伏发电系统初步设计

结合图 1-36，单击 Preliminary design 、 Stand alone 进入独立系统初步设计界面，如图 1-37所示。

图 1-36　进入离网型光伏系统初步设计方法

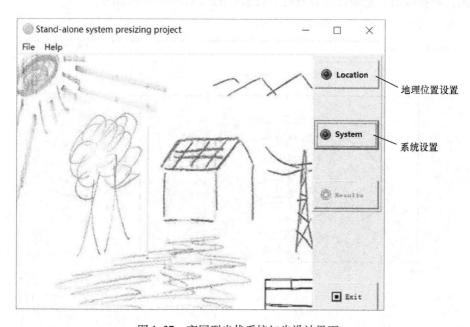

图 1-37　离网型光伏系统初步设计界面

单击 Location 按钮选项进入项目地点的选取和设置，参考图 1-38 进行设置和选取。

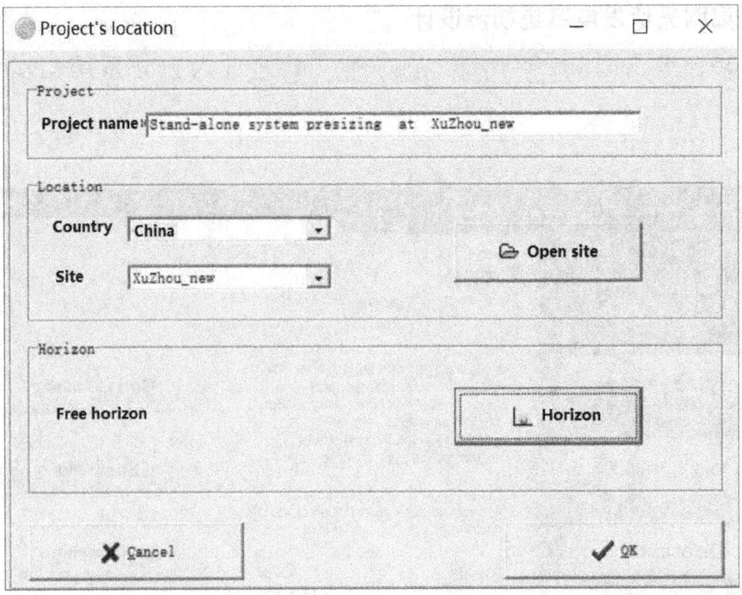

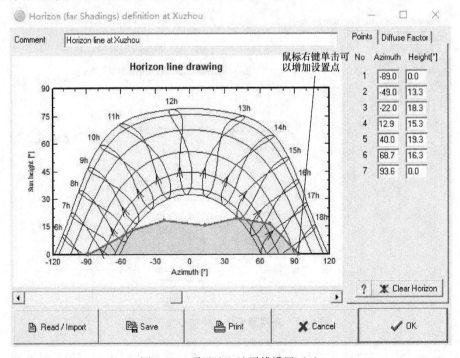

图 1-38　项目地点选取和设置

地平线远处阴影即项目所在地，因远处的高山或高大建筑，造成对太阳光的遮挡，使项目所在地的光伏组件阵列没有阳光直射，和近处遮挡产生阴影不同，如果四周没有什么高大建筑或高山，视野比较开阔，可以不用设置。参考图 1-39，设项目地的正南方远处有一个座山，它对项目地的地平线有影响。这里只是粗略地画一下，并不精确，如果想得到准确的地平线图，需要借助专业的仪器和软件。设置后的结果如图 1-40 所示。

图 1-39　项目地 – 地平线设置（1）

图 1-40 项目地-地平线设置（2）

组件阵列斜角及方位角设置，项目地为北半球，在没有特殊要求的情况下，光伏阵列的方位是正南面，也就是零度；当在南半球时，最佳方位角是正北面。斜角的最优值一方面与当地的纬度有关，同时与优化不同季节的发电量有关，并网发电系统默认选择全年最优，即斜角要保证全年发电量最多；离网独立光伏发电系统则要保证冬季最优。

单击 System 按钮，进行系统参数设置，如图 1-41 所示。

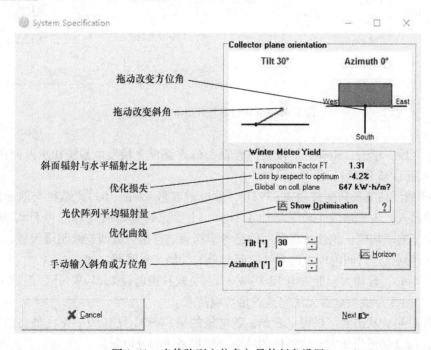

图 1-41 光伏阵列方位角与最佳斜角设置

徐州地区的纬度在34°左右，冬季的太阳高度角比较低，最低只有30°，因此要确保冬季最佳发电量，光伏组件的最佳斜角要比当地的纬度大。综合考虑减少风压及减小前后间距等因素，此处选择30°的安装斜角。

日常家庭负载能耗状况定义。此处负载路灯12个，每个60W；广场灯6个，每个360W，每天使用3.5h（注：此处用电视来代替广场灯）。负载的使用时间不随季节变化而变化，所以此处选择年、一周7天都使用。参考图1-42负载功率与日用电时间设置所示，进行负载功率及日用时间的设置，仿真计算结果日耗电量10080W·h。

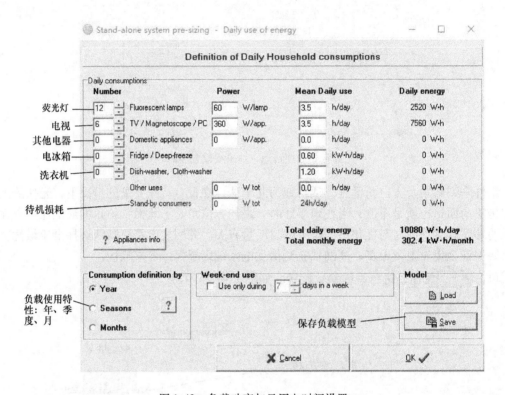

图1-42　负载功率与日用电时间设置

设定好之后，单击"Results"按钮，查看3.6kW离网光伏发电系统初步设计仿真结果，如图1-43～图1-45所示。

图1-43所示仿真所需组件功率4392W，蓄电池容量494A·h。此结果与前面的计算结果有一定的出入，主要是组件功率增加了不少，主要原因是前面计算的"日均辐照峰值"采用的是全年的平均值，此处仿真采用的是冬季均值。自给天数即连续阴雨天数，负载损失率即负载在计划工作时间内停机的累计时间与总的计划工作时间之比。

结合图1-43，日均太阳能发电13.0kW·h，负载日用电量10.1kW·h，但在11月、12月、1月三个月太阳能发电量无法完全满足负载需求。

结合图1-44，从仿真结果可以看到，蓄电池的平均SOC只有67.5%，最高的5月也只达到89%，所以要适当加大光伏组件的功率，增加系统的发电量。

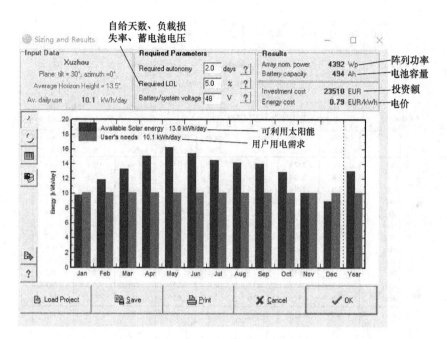

图 1-43　3.6kW 离网光伏系统仿真结果（1）

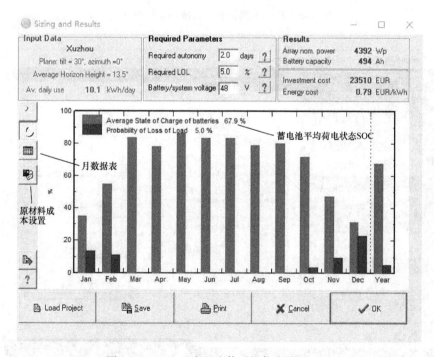

图 1-44　3.6kW 离网光伏系统仿真结果（2）

3. 离网光伏发电系统详细设计仿真

3.6kW 离网光伏发电系统详细设计仿真过程如下。

1）结合图 1-46，单击 `Project design`、`Stand alone` 进入独立系统初步设计界面。

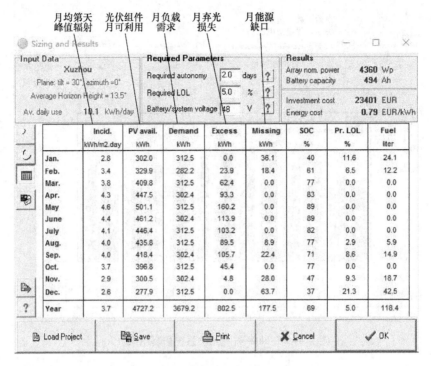

图1-45 3.6kW 离网光伏系统仿真结果（3）

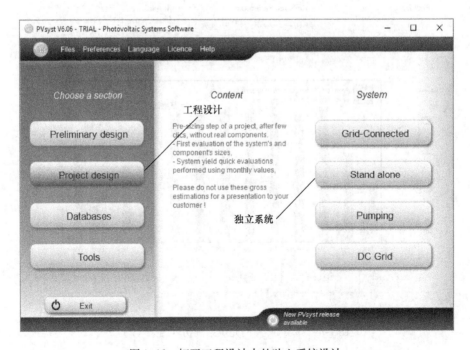

图1-46 打开工程设计中的独立系统设计

2）在打开的面板中选择国家及项目区的气象数据，参考图1-47。然后再打开"Albe-do"反射率设置面板，设置地面反射率；项目所在地为一草坪上，根据徐州地区的天气，草地每年在4~9月都能维持青色，所以图1-48所示将反射率改为0.20，之后再单击"set"
按钮即可完成设置。

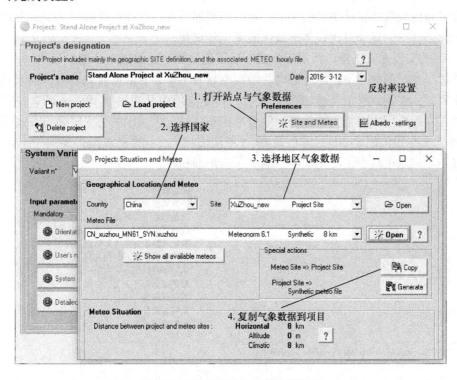

图1-47　地理位置与气象数据设置

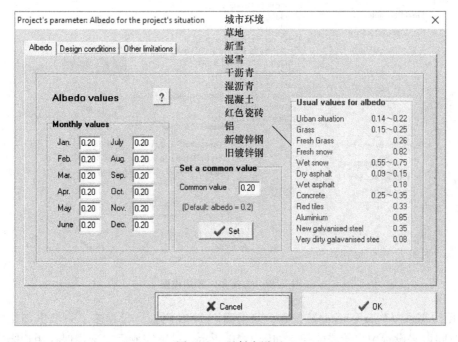

图1-48　反射率设置

3）返回到设置界面，进行"mandatory"必要参数设置。包括"Orientation——方位角""User's needs——用户需求""System——系统"及"Detailed losses——详细损耗"，其中方位角的设置与前面概略设计中讲的基本一致，不同的是可以选择组件阵列的安装方式，还可以选择优化条件——夏季最优、冬季最优或者全年最优。

① 组件的安装方式选择，因跟踪方式安装不但增加了建设成本、维护成本、占地面积，同时也增加了系统的故障率，因此而增加的发电量并不多，有数据研究表明单轴倾斜式跟踪理论上比固定式安装发电量会增加20%左右，实际应用中只能达到10%～15%。因此固定安装方式在实际应用中有较大的优势。综合考虑项目情况也采用的是固定倾角方式安装。参考图1-49，安装倾角固定30°，方位角0°（正南方向），小的安装倾角要损失一部分发电量，但减小了风压也减少了阵列间距、减少了占地面积。

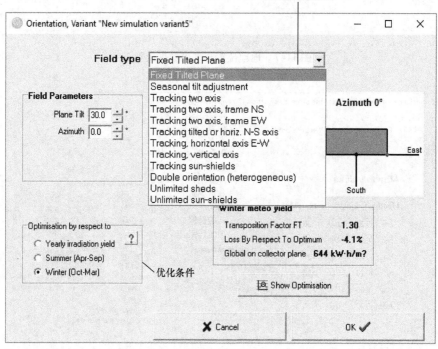

图1-49　方位角、倾角设置

② 用户需求（User's needs）设置，与前面图1-42类似，只是多了一项更细化的功能，可以按时间段来设置用户所需能耗，如图1-50所示。设置完成后，选择保存用户需求。

③ 系统设置（System）：主要设置负荷损失率（LOL）5%、蓄电池电压48V、自给天

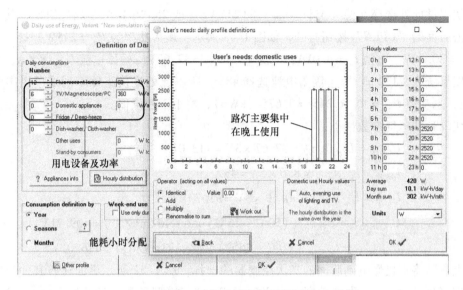

图 1-50　用户需求能耗设置

数 2 天、蓄电池型号、光伏组件型号及光伏控制器型号。

　　参考图 1-51，系统此处给出的光伏组件功率为 3.9kWp，蓄电池的容量为 494A·h，光伏组件的功率与理论计算值接近，蓄电池的容量远小于计值 875A·h，原因在于此处未考虑放电深度、充电放电效率等因素。此处蓄电池参考前面的计算结果，结合成本等因素考虑，选择单体 2V/300A·h 的免维护电池 24 串 2 并共计 48 只，存储容量为 600A·h，可储存电量为 28.8kW·h。

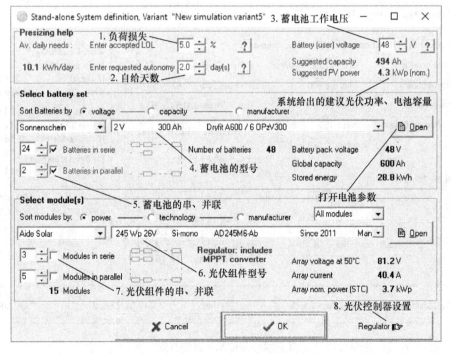

图 1-51　系统设置界面

光伏组件此处选择艾德（Aide Solar）的 245Wp（或 250Wp）的多晶硅组件，其详细参数可单击后面的"OPEN"按钮打开，如图 1-43 所示：最大功率为 $P_m = 245W$，最大功率点电压 $U_m = 30.59V$，电池 $I_m = 8.01A$，开路电压 $U_{OC} = 37.67V$，短路电流 $I_{SC} = 8.6A$，开路电压的温度系统为 $-132mV/℃$。因蓄电池选择 48V，所以此处光伏组件阵列采用 3 串 5 并共计 15 块，总功率 $P_总 = 15 × 245 = 3.675（kWp）$，略小于建议值。

光伏阵列的电气参数如下：

$$U_{OC串} = U_{OC} × n_串 = 37.67 × 3V = 113.01V$$

$$I_{SC并} = I_{SC} × n_并 = 8.6 × 5A = 43A$$

$$U_{m串} = U_m × n_串 = 30.59 × 3V = 91.77V$$

$$U_{OC串50℃} = U_{OC串} + (50℃ - 25℃) × (-132mV/℃) = 109.71V$$

$$U_{OC串0℃} = U_{OC串} + (0℃ - 25℃) × (-132mV/℃) = 116.01V$$

以上参数将直接影响到后面的光伏控制器的选择。图 1-52 所示界面还有其他一些信息基本数据（Basic data）、附加数据（Additional Data）、模型参数（Model parameters）、尺寸技术（Sizes and Technology）、商业信息（Commercial）、图形（Graphs）。

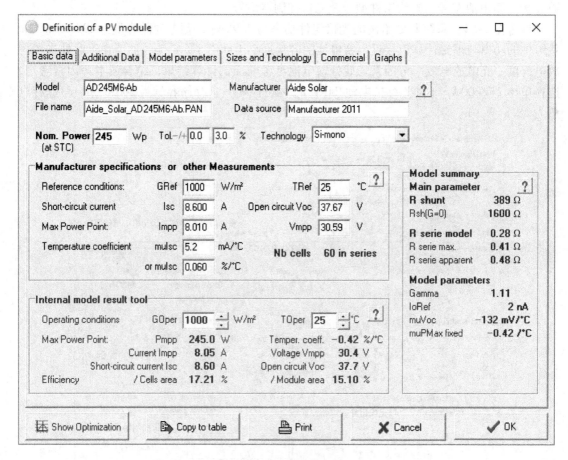

图 1-52　艾德光伏组件参数

光控控制器（Regulator）设置，如图 1-53 所示。蓄电池的工作温度按当地的月平均天气设置（因蓄电池的工作地并没有空调，所以就按当地月平均气温作为参考）。光伏控制器优先选择带 MPPT 功能，另根据蓄电池的工作电压要选择 48V 的控制器，最后根据负载功率选择输出电流：此项目的平均负载功率为 2.88kW，控制器的输出电流为 2.88kW ÷ 48V = 60A，考虑到安全系统此处选择的为额定电流 80A，此外还要考虑到控制的最大、最小输入电压及 MPPT 的跟踪范围。查看光伏控制器的参数，如图 1-54 所示。根据上面的计算结果分析，都满足相关条件：光伏阵列最大短路电流 43A 小于控制器的 90A，最大工作电压 116V 小于控制器 150V，最大功率点的电压 91.7V 也在控制器 MPPT 的跟踪范围内 60 ~ 145V。进入 MPPT 选项，查看光伏控制器的 MPPT 参数，如图 1-55 所示。

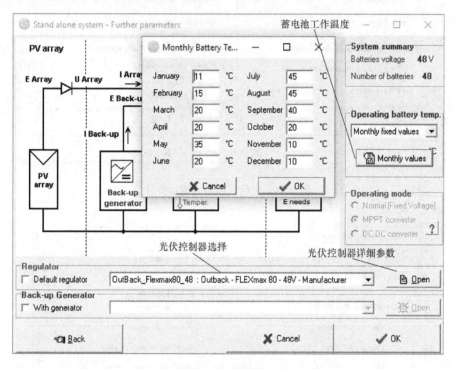

图 1-53　光伏控制器的设置

④ 详细损耗设置（Detailed losses）：包括热参数（Thermal parameter）、欧姆损耗（Ohmic Losses）、组件质量 & 失配（Module quality – Mismatch）、灰尘损耗（Soling Losses）、入射角损耗（IAM Losses）。

热参数设置：主是设置光伏组件在不同的安装环境下，太阳辐射度对光伏组件温升的影响。通风条件越好，热损失系数常量就越大，相同的辐射度下组件温升越低。各选项的含义如图 1-56 所示。此处根据项目实际情况选择"带空气循环的自由式安装"。

欧姆损失设置：主要根据光伏组件阵列的实际安装情况，设置相关线缆的长度。首先单击图 1-57 界面，在此之前可先打开接线示意图 1-59，了解组串间线缆、汇流箱至蓄电池间线缆的位置。因为所选组件的宽度 998mm，汇流箱的位置距组件也不远，估算组串间平均线缆长度 5m，汇流箱到蓄电池的距离在 100m 左右；设置整体电压降优化目标，此处取值略小于 10% 的最佳工作点电压 6V，再勾选最小线缆重量优化，软件会自动给出导线截面的

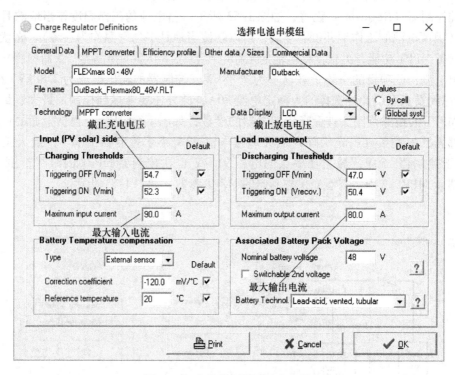

图1-54　光伏控制器的基本参数

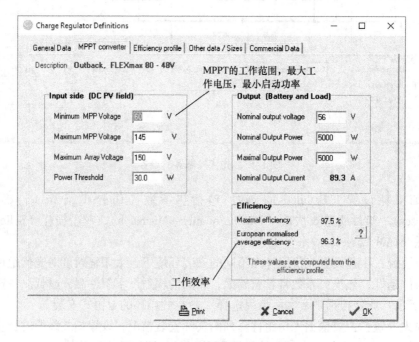

图1-55　光伏控制器的MPPT参数

最优值，图1-58所示优化后的整体线缆压降5.9V，总电阻146mΩ；压降设置得越小，欧姆损失也越小，系统优化的导线截面积也越大，当然工程造价也超高，所以要合理选择压降，

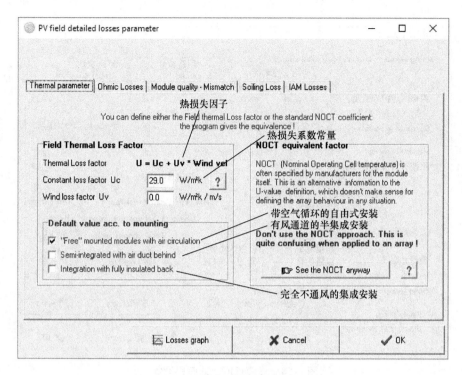

图 1-56 　热参数设置

系统容量越大，欧姆损失系数要越小，最好控制在 3% 以下。图 1-59 为线缆连接示意图，图 1-60给出了线缆截面积与最大电流与单位电阻的标准。

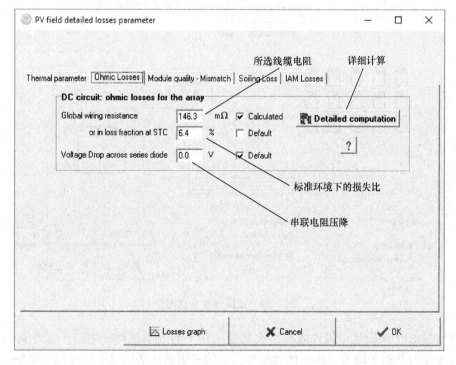

图 1-57 　线缆欧姆损失

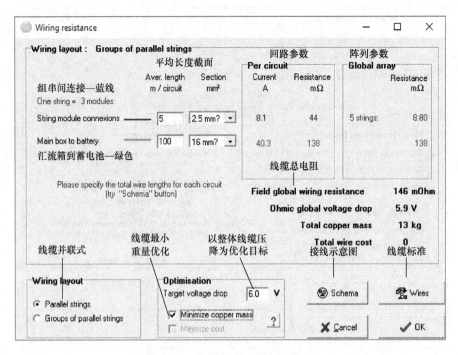

图 1-58　线缆长度及截面积设置

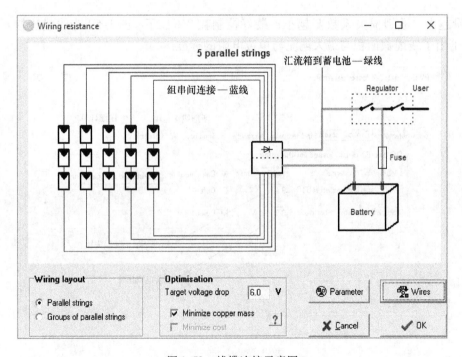

图 1-59　线缆连接示意图

组件质量 & 失配设置：组件效率损失是指组件平均效率相对于生产厂家标称效率之间的偏差，正偏差是指平均效率比标称效率小，负偏差则是指平均效率比标称效率好。组件失

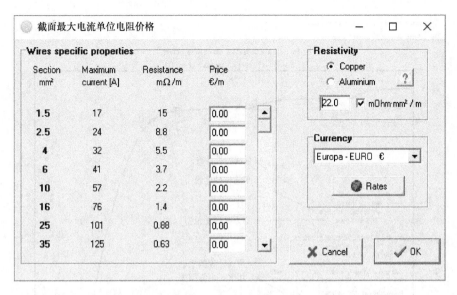

图 1-60　线缆面积与最大电流与单位电阻标准

配损失是指各个组件的电气参数不一致，使得它们在串并联构成阵列时造成的功率损失，如图 1-61 所示，15 块有一定误差（5%）的组件串并构成光伏阵列的伏安特性——串联电压相加，并联电流相加，相加合成的结果如图 1-62 所示，其中的深黑色的曲线是实际相加结果，浅色绿线为平均特性，虚线之间是均方根误差范围。

在图 1-63 所示的界面中，只需要设置短路电流与开路电压的误差范围及误差随机分布规律，根据这个设置参数，单击图表仿真计算，即弹出图 1-61 和图 1-62 所示仿真计算光伏阵列的失配损失，根据仿真结果填写图 1-64 中的失配损失率。

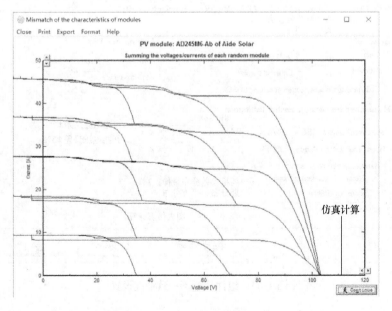

图 1-61　3 串 5 并阵列的总 IV 特性

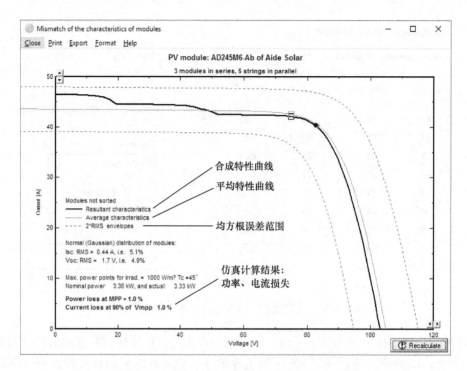

图 1-62　失配仿真结果

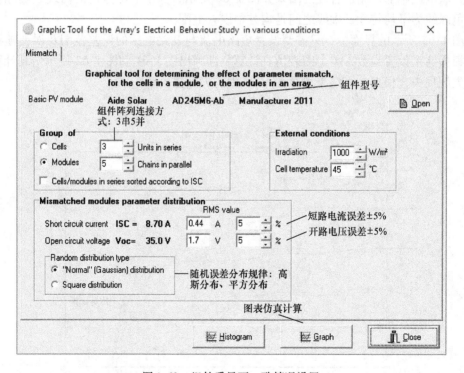

图 1-63　组件质量不一致情况设置

灰尘损耗（Soling Losses）：因组件灰尘清理不及时，或当地的空气质量比较差，造成的发电量损失，此处选择默认参数3%，对于没有人工清理靠下雨下雪清理的，此参数还要设

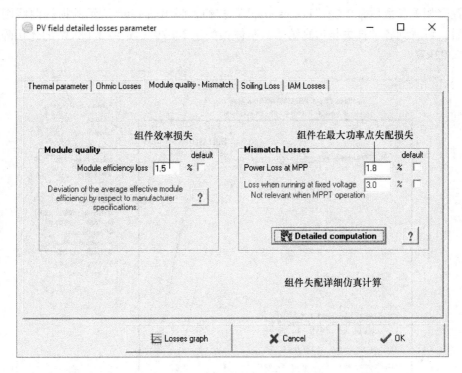

图 1-64　组件质量 & 阵列失配损失

置更大。灰尘损耗的设置如图 1-65 所示。

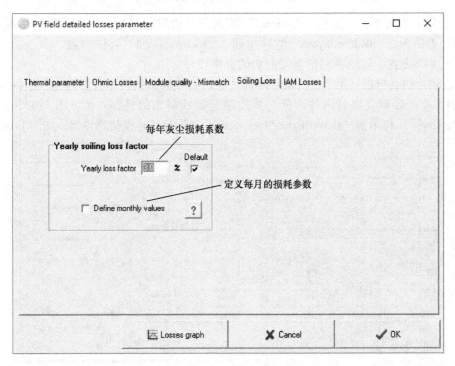

图 1-65　灰尘损耗的设置

设置完相关参数后，单击"Losses graph"按钮，弹出图1-66所示的损耗曲线图，更改辐射度后，可看到各种损失是仿真结果，整体损失达20.7%，最终3.68kW的光伏阵列，只能达到2.92kW。

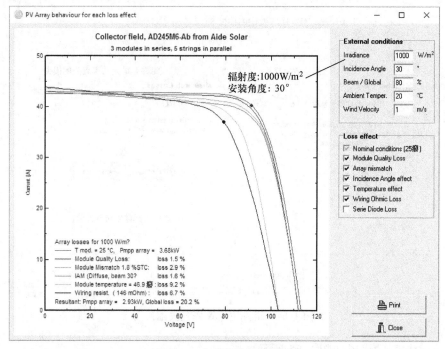

图1-66　各种损失仿真结果

4）返回到设置界面，进行"Optional"可选参数设置，包括"horizon"地平线、"near shadings"近阴影、"module layout"组件排列、"economic eval"经济参数。

① 地平线设置，详细说明请参考前面的概略设计。

② 近阴影仿真分析：用于分析项目地周边建造物或树木的阴影直接对光伏组件阵列发电量的影响，首先要建立项目组件阵列与周边建造物或树木的模型。参考图1-67，首先单击"Near Shadings"，再单击"Construction/Perspective"，即打开建模仿真界面，如图1-68所示。

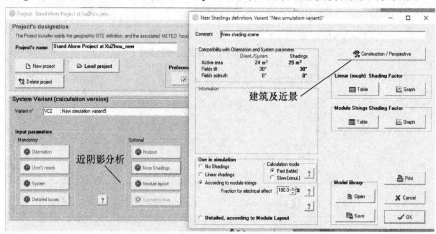

图1-67　打开近阴影分析界面

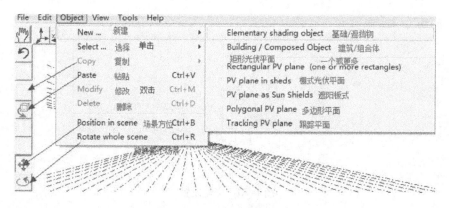

图 1-68 建模界面

项目的光伏组件阵列建在学校蓄水池上，蓄水池离地面高约2m，宽约20m，长约10m，所以第一步先选择"Object"→"New..."→"Elementary shading object"，弹出图1-69所示界面，选择阴影类型"shape type"→"Parallelepiped（平行六面体）"，并设置它的长宽高，之后单击"OK"按钮。

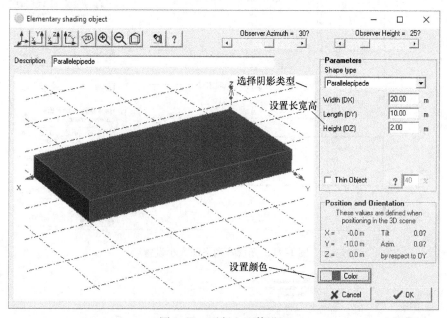

图 1-69 平行六面体设置

参考图1-70，根据项目地的实际情况，设置基础的位置，此处在南坐标设置–10m。

再选择"Object"→"New..."→"Rectangular PV plane（矩形光伏平面）"，新建矩形光伏平面用于安装光伏组件，因245W的光伏组件尺寸为1636mm×992mm，考虑用两排，一排7块，一排8块，7块的大小取7m×1.7m，8块的大小取8m×1.7m，如图1-71所示。

再设置阵列平面的坐标（8m，–1m，2m），即在基础平台上前面及东侧各留1m的距离方便维护，新建第二排平面大小8m×1.7m，坐标（9m，–4m，2m），如图1-72所示。两排之间的坐标差3m，图1-73所示即为$D+d$，根据公式1-32可以计算出要避免前排对后排的阴影影响，两排之前的最小间距$d=1.84$m，此项目取值1.53m，略小于计算值。

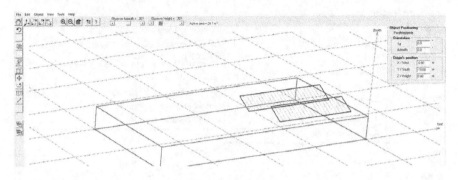

图 1-70　位置设置

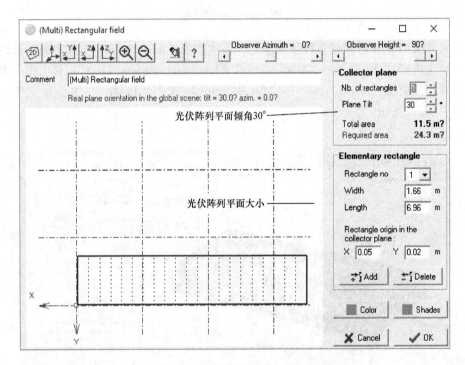

图 1-71　光伏阵列平面大小设置

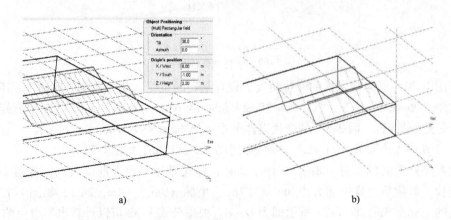

a)　　　　　　　　　　　　　　　b)

图 1-72　光伏阵列平面模型
a) 第一排组件位置 (8, -1, 2)　　b) 第二排组件位置 (9, -4, 2)

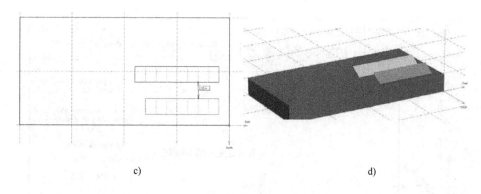

c)   d)

图 1-72   光伏阵列平面模型（续）

c）顶视图   d）着色模型

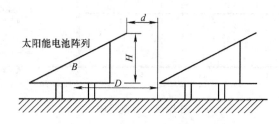

图 1-73   阵列前后排间距的示意图

光伏电池板的长度取 $L = 1.7\text{m}$，安装角度 $\beta = 30°$，徐州地区的纬度 $\varphi = 34.3°$，则

$$D = L\cos\beta = 1.7\text{m} \times \cos(30°) \approx 1.47\text{m}$$

$$H = L\sin\beta = 1.7\text{m} \times \sin(30°) = 0.85\text{m}$$

$$d = \frac{0.707H}{\tan[\arcsin(0.648\cos\phi - 0.399\sin\phi)]}$$

$$= \frac{0.707 \times 0.85}{\tan[\arcsin(0.648\cos(34.3°) - 0.399\sin(34.3°))]}$$

$$= 1.84\text{m}$$

分割组串：参考图 1-74，光伏组件为了防热斑往往需要在组件中并接旁路二极管，一旦并接组中的电池片被阴影遮挡不发电后，就被旁路二极管把此组电池旁路掉。这里的分割组串就是按旁路二极管的数量来设置，我们选择的组件每一块有 3 个旁路二极管，所以每个组件分割成 3 部分，7 块就要分割成 21 部分，另一阵列分割成 24 部分，分割后便于阴影仿真时计算损失，每一小部分相当于一个串电池，这一串电池只要有一块电池完全被遮挡，整串电池就将被旁路。

近处建筑物建模：根据项目所在地的周边情况，对周边可能对组件阵列产生直接阴影的建筑或树木建模，图 1-75 所示在项目所在地的西边有一个 12 层的教学楼，可能对光伏组件有直接影响，此楼房长约 100m，宽约 39m，高约 40m。用上面建蓄水池模型的方法建立建筑物模型，如图 1-76 所示。最后保存，单击可仿真不同日期内的阴影情况，如图 1-77 所示，冬至日最大阴影损失为 11.8%，主要原因前后的间距小于理论计算值。

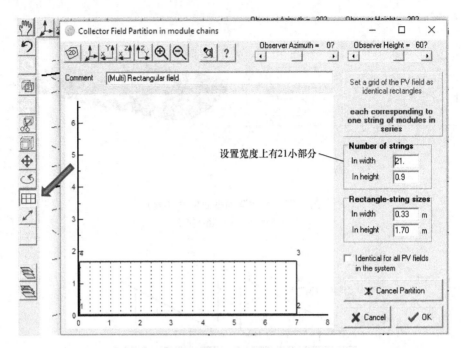

图1-74 分割组串

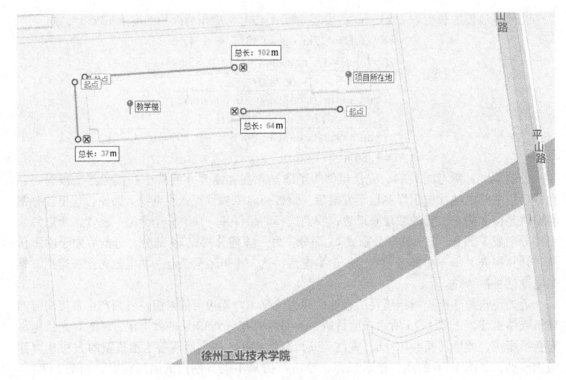

图1-75 项目周边概况

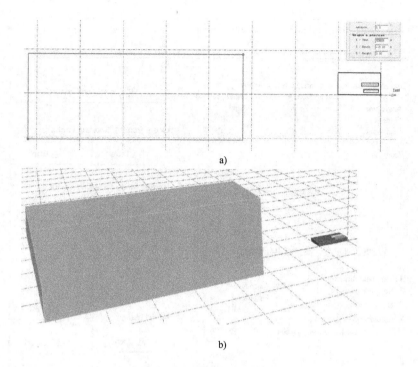

图 1-76　周边建筑物建模

a）建筑物模型顶视　b）建筑物模型 3D

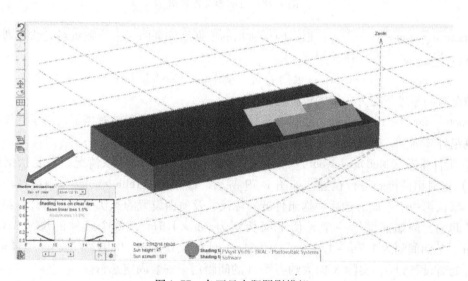

图 1-77　冬至日太阳阴影模拟

　　最后保存完后，关闭界面，返回到近阴影设置界面，如图 1-78 所示，先在住址仿真类型中选择要仿真的方式。

No Shadings：没有阴影。

Linear shadings：线性阴影，直接按阴影的面积占比计算损失率，误差比较大。

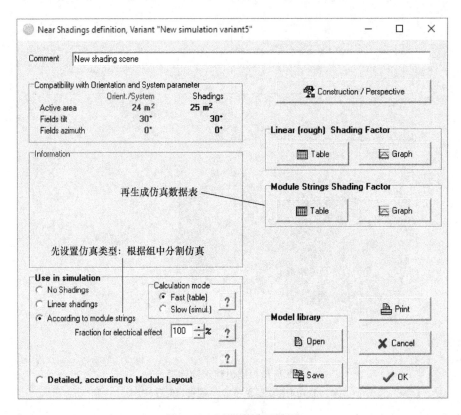

图 1-78　近阴影设置界面

According to module strings：根据前面所示的依据组件旁路二极管数量对光伏阵列进行的分割进行仿真，仿真结果比较接近实际。

Detailed according to module：根据后面一项中的"Module layout——组件排布"的实际排布情况对阴影进行更为详细的模拟仿真。

Fraction for electrical effect：是指非直接阴影的情况——太阳被遮挡了但影子并没有直接投影到组件阵列上，对光伏组件发电量的影响。

③ 组件排布（Module Layout）。根据组件电气连接上的串并联情况，在光伏组件平面（支架）上对组件排列进行设置。如图 1-79 所示，首先在"Table choice"中选择一个阵列平面，默认第一个平面。然后根据组件的实际尺寸及前面设置的光伏平面长宽计算组件之间的安装间隔，例如前面第一个光伏平面长宽为 7m × 1.7m，每个组件的尺寸 1.636m × 0.992m，Y 向间隔为 1.7m − 1.636m = 0.064m，此处取 0.02m；0.992 × 7m = 6.944m，X 向间隔此处暂设置为 0，实际 X 向大约有 5cm 的间距用于安装固定螺钉。

再选择"Module Orient"组件排布方向，此处选择垂直方向。"Filling Mode"即选择组件在光伏平面中是从左到右，还是从右到左或从中间开始排布。最后选择"Set modules"即可完成组件在光伏阵列平面的排布，也可通过用鼠标左键在光伏阵列平面上相对应的位置单击来手工排布，单击鼠标右键可取消。

当所有的组件都排布完后，将自动弹出图 1-80 所示界面，对光伏组件的电气串联进行设置，首先在"Table choice"中选择阵列平面，接着在"Module properties"设置组件的旁

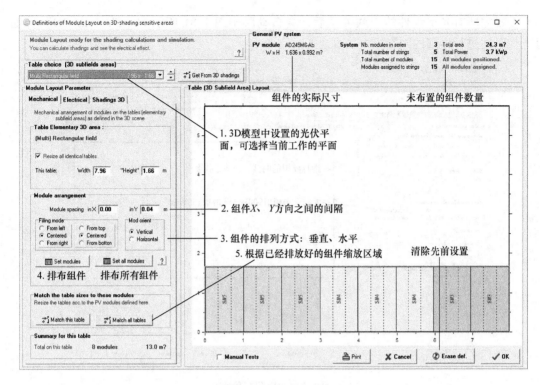

图 1-79　组件排布设置

路二极管的数量，此处根据实际情况设置为 3 个，在 "Strings attribution" 串分配中用鼠标左键按顺序选择一串，然后在右边的光伏组件中也单击左键设置（右键取消），每一串的颜色不同，设置的原则最好不要跨多个可能的阴影，即顺着阴影的方向。也可单击 "Auto attribution" 进行自动分配，特别是大型光伏电站。

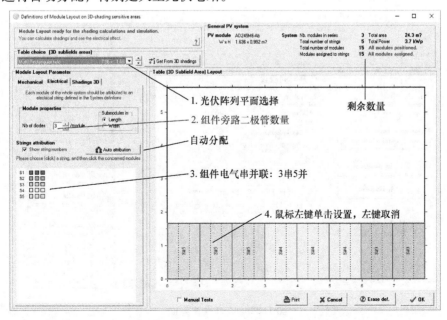

图 1-80　组件电气串设置

设置完所有光伏组件的串联关系后，会自动跳出图 1-81 所示的"Shadings 3D"界面，对光伏电站进行详细的阴影损失仿真。

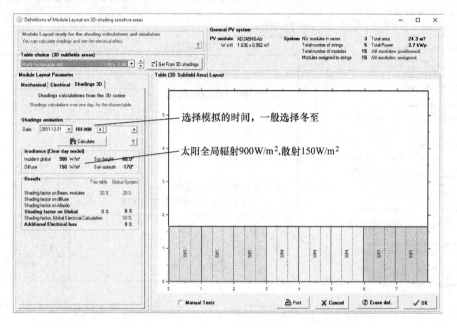

图 1-81　3D 阴影仿真

5）返回到设置界面，可进行经济参数设置，主要是各种器件的造价，此项目略。

6）返回到设置界面，单击"Simulation"按钮，弹出图 1-82 所示的仿真界面。因仿真时采用的气象数据为 1990 年的，所以此处的时间段只能设置在 1990 年期间。

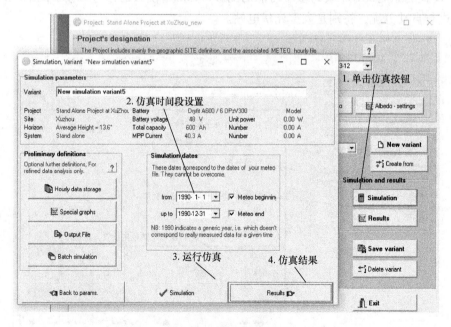

图 1-82　仿真设置界面

7) 仿真结果分析。参考图 1-83。

① 全年损耗分析，徐州地区全年平均辐照量为 1354kW·h/m²，光伏组件阵列的平均辐照量增加了 8.5%，光伏阵列的全年理论发电量为 4565kW·h，阵列因温升、失配、电阻等损耗了 14.3%，因蓄电池充满电而未使用损耗了 13%，其他转换器、蓄电池等损耗 15%，最终系统全年能够提供 2979kW·h 的电能，与负载全年需求 3679kW·h 还需要大约 700.5kW·h，无法完全满足用电需求，所以要增大光伏组件的功率，或使用其他形式的能源进行补充，此方案采取的是用市电补充。

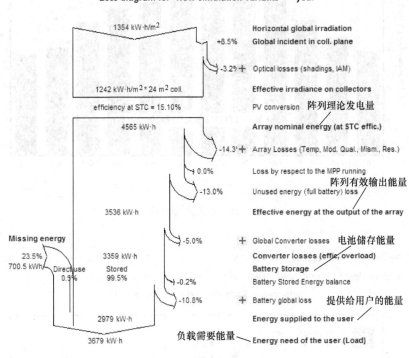

图 1-83　系统年损耗图

② 标准产能分析。参考图 1-84。此系统的负载每天需要耗电 10080W·h，系统安装的光伏组件总功率为 3675W，所以用 10080W·h/3675W ≈ 2.74h，即 2.74kW·h/kWp/day，相关于每天至少需要 2.74h 的峰值日照来满足负载需求。

如图 1-85 所示，系统平均每天为负载提供 2.22kW·h/kWp/day 的太阳辐射量，小于负载需求量，只有 5、6 月份可以完全满足系统，其他月份都要有市电或其他形式的能源做补充。也可从图 1-86 所示的仿真结果看出，系统的用户需求满足率 SF（Solar Fraction）只有 0.810，从中也可以看出只有 5、6 月的 SF 达到 1；此外整个系统的能效比 PR 为 0.552，偏低。

根据图 1-86 所示蓄电池的日均荷电状态图，最高的 SOC 为 85%，出现在 7 月份，最低的出现在 10 月底，另外还可以看出 1、2 月份及 11、12 月份 SOC 低谷出现比较密集，说明阴雨天比较多。

图 1-87 为 1990/10/10 日蓄电池的 SOC 与平均电压。

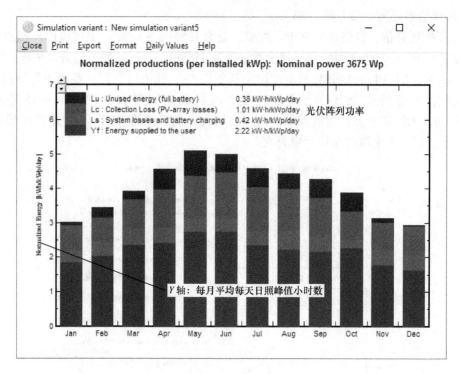

图 1-84　系统产能分析

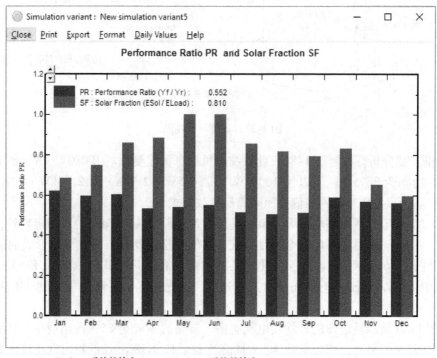

注：$SF = \dfrac{Esol}{Eload} = \dfrac{系统的输出}{用户的需求}$　$PR = \dfrac{Yf}{Yr} = \dfrac{系统的输出}{光伏组件收集的能量}$

图 1-85　系统能效比与用户需求满足率（蓄电池容量 600A·h）

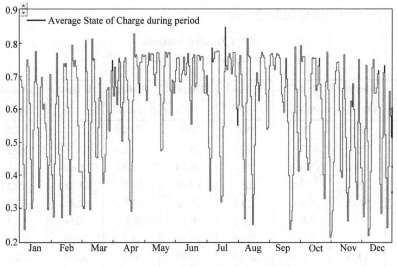

图 1-86　蓄电池的荷电状态

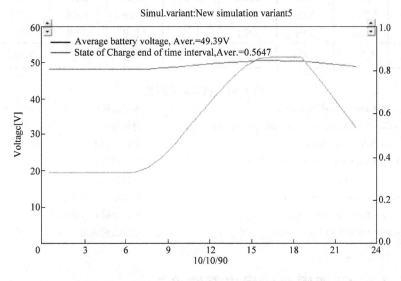

图 1-87　1990/10/10 日蓄电池的 SOC 与平均电压

图 1-88 为 1990 年月均辐射量、有效辐射量、月发电量及用户负载满足率等参数等，从数据中分析可以看出，一方面用户的需求满足率比较低，平均只用 0.81，最低的 12 月份只有 0.595，但同时系统的未使用（EUnused）的能量达 -13%，全年有 515kW·h 之多，占系统缺口能量（E Miss）700.5kWh 的 73.5% 之多，因此可以考虑增加系统的蓄电池容量。

4. 结论

通过前面的仿真与分析，该系统的主要损失有 -14.3% 光伏阵列损失、-13% 的弃光损失、-10.8% 的蓄电池充放电损失，这些损失使得整个系统的能效比只有 55.5%，要提高整个系统的能效比，可以通过增大光伏阵列之前的间距减少阴影损耗，选择更大的线径减少欧姆损耗，增加蓄电池的容量，减少弃光损耗。本书的方案因考虑长期投资成本问题，主要是蓄电池的更换成本，所以采用的是市电接入，对蓄电池进行补充充电，解决蓄电池 SOC 过低的问题，同时可延长蓄电池的使用寿命。

New simulation variant5
Balances and main results

	GlobHor	GlobEff	E Avail	EUnused	E Miss	E User	E Load	SolFrac
	kW·h/m²	kW·h/m²	kW·h	kW·h	kW·h	kW·h	kW·h	
January	66.9	75.0	245.6	8.66	99.3	213.2	312.5	0.682
February	78.2	83.2	272.1	29.25	71.6	210.6	282.2	0.746
March	109.8	104.3	333.7	26.83	44.3	268.2	312.5	0.858
April	133.7	116.0	365.3	64.37	34.9	267.5	302.4	0.884
May	163.9	134.8	419.2	81.56	0.0	312.5	312.5	1.000
June	161.1	126.9	385.9	56.61	0.0	302.4	302.4	1.000
July	151.2	120.8	359.4	61.76	44.8	267.7	312.5	0.857
August	138.4	117.0	348.7	49.49	57.4	255.1	312.5	0.816
September	118.3	108.4	332.2	57.85	63.2	239.2	302.4	0.791
October	99.0	105.8	335.4	61.99	52.3	260.1	312.5	0.832
November	70.5	78.9	248.5	14.17	105.9	196.5	302.4	0.650
December	63.0	70.8	227.1	1.95	126.6	185.8	312.5	0.595
Year	1354.0	1242.0	3873.1	514.48	700.5	2978.7	3679.2	0.810

图 1-88　仿真结果图表

注：GlobHor – Horizontal global irradiation　　　　　　水平总辐射
　　GlobEff – Effective Global，coor for IAM and shadings　有效辐射
　　E Avail – Available Solar Energy　　　　　　　　　可利用的太阳能
　　EUnused – Unused energy（full battery）loss　　　　未利用的能量
　　E Miss – Missing energy　　　　　　　　　　　　缺口的能量
　　E User – Energy supplied to the user　　　　　　　提供给用户的能量
　　E Load – Energy need of user（Load）　　　　　　用户负载需求的能量
　　SolFrac – Solar fraction（EUser/ELoad）　　　　　用户需求满足率

任务 1.2　3.6kW 离网光伏发电系统施工

1.2.1　光伏组件支架安装

1. 光伏组件支架安装的基本要求

1）光伏阵列支架的安装结构应该简单、结实和耐用。要求制造安装光伏阵列支架的材料，能够耐受风吹雨淋的侵蚀及各种腐蚀。电镀铝型材、电镀钢以及不锈钢都是理想的选择。支架的焊接制作质量要符合国家标准《钢结构工程施工质量验收规范》（GB 50205—2001）的要求。在符合设计要求下，组件支架的重量应尽量减轻，以便于运输和安装。

2）在光伏组件基础与支架的施工过程中，应尽量避免对相关建筑物及附属设施的破坏，如因施工需要不得不造成局部破损，则应在施工结束后及时修复。

3）当要在屋顶安装光伏组件时，要使基座预埋件与屋顶主体结构的钢筋牢固焊接或连接，如果受到结构限制无法进行焊接或连接，就应采取措施加大基座与屋顶的附着力，并采用铁丝拉紧法或支架延长固定法等加以固定。基座制作完成后，要对屋顶破坏或涉及部分按照国家标准《屋面工程质量验收规范》（GB 50207—2002）的要求做防水处理，以防止渗水、漏雨的现象发生。

4）应按设计要求将光伏组件支架安装在基础上，位置要准确，安装公差应满足设计要求，与基础固定牢靠。

5）按设计图样安装组件支架，要求组件安装表面的平整度、安装孔位和孔径应与组件要求一致。

6）光伏电池组件边框及支架要与接地系统可靠连接，如图 1-89 所示。

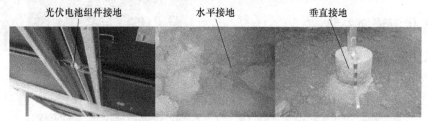

图 1-89　光伏电池组件边框及支架与接地系统可靠连接

2. 地面式光伏组件的安装

混凝土基础支架是目前平面电站中最常用的安装形式，如图 1-90 所示。支架支撑柱与基础的连接方式可以通过地脚螺栓连接或者直接将支撑柱嵌入混凝土基础。

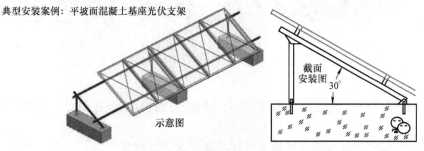

图 1-90　混凝土基础支架

本系统采用条形混凝土基础形式。通过在光伏支架前后立柱之间设置基础梁，从而将基础重心移至前后立柱之间，增大了基础的抗倾覆力臂，可以仅通过自重抵抗风载荷造成的光伏支架倾覆力矩；条形基础与地基土的接触面积较大，适用于场地较为平坦、地下水位较低的地区。因为基础的表面积相对较大，所以一般埋深在 200 ~ 300mm。

优点：基础埋置深度可相对较浅，不需要专门的施工工具，施工工艺简单。

缺点：需要大面积的场平，开挖量、回填量较大，混凝土需求量大，且养护周期长，所需人工多；对环境影响较大；基础埋深不够，抗洪水能力差。

1.2.2　光伏组件安装

安装光伏组件的注意事项：在现场安装使用前，确认光伏组件外形完好无损，若发现有明显变形、损伤，则应及时更换；在组件安装或接线时，推荐用不透明材料将组件覆盖；组件安装前，请不要拆卸组件接线盒；当组件置于光线照射下，不要触摸接线端子，当组件电压大于 DC30V 时，请注意适当防护，使用绝缘工具；光伏组件的排列连接应按技术图样要求，固定可靠，外观应整齐，光伏组件之间的连接件应便于拆卸和更换；光伏组件之间的连接方式应符合设计规定。

安装步骤如下。

1）用边扣夹和中扣夹固定光伏组件，如图 1-91 所示。

2）根据电气图样进行组件连接。为了保证组串连接的可靠，在进行作业时需认真按照操作规范进行。光伏组件的连接如图 1-92 所示。

1.2.3 光伏汇流箱安装

1. 安装机械的基本要求

（1）安装汇流箱机械的注意事项

1）汇流箱的防护等级应满足户外安装的要求。

图 1-91 固定光伏组件

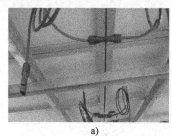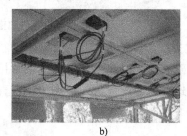

a)   b)

图 1-92 光伏组件的连接

a）串联组件   b）并联组件

2）一般的汇流箱冷却方式为自然冷却，尽量不要将其安装在阳光直射或者环境温度过高的区域。

3）确定汇流箱安装墙面或柱体有足够的强度承受其重量。

4）对于户外安装的汇流箱，在雨雪天时不得进行开箱操作。

5）在白天安装光伏组件时，应用不透光的材料遮住光伏组件，戴绝缘手套，以免产生电击。

6）箱体的各个进出线孔用防火泥堵塞，以防小动物进入箱内发生短路。

（2）安装方式选择原则

光伏汇流箱安装方式可以根据工作现场的实际情况做出选择，通常采用的有挂墙式、抱柱式和落地式。

1）挂墙式。建议采用膨胀螺钉，通过汇流箱左右两侧的安装孔，将其固定在墙体上。

2）抱柱式。建议使用抱箍、角钢作为支撑架，用螺栓将汇流箱安装在柱上。

（3）端子型号与连接线

可以根据表 1-15 所示对不同的端子查询选择合适的线缆。

2. 电气连接

（1）输入接线

表 1-15 端子与推荐接线表

端子说明	推荐接线/mm²
直流正极输入	4
直流负极输入	4
直流正极汇流输出	35
直流负极汇流输出	35
接地端子	16

汇流箱的输入端位于机壳的下部。与光伏组件输出正极的连线输入位于底部的右侧，而与光伏组件输出负极的连线位于底部的左侧，接线时需要拧开防水端子，然后接入连线至熔丝插座，然后拧紧螺钉，固定好连线，最后拧紧外侧的防水端子。

（2）输出连线

输出包括汇流后直流正极、直流负极与接地，接地线为黄绿色。接线时需要拧开防水端子，接入连线，然后拧紧螺钉，固定好连线，最后拧紧外侧的防水端子。

3. 汇流箱的试运行

汇流箱通电后自动运行，断电后停机。通过内部的断路器，可以关停汇流箱的直流输出。试运行前应满足以下要求。

1）设备上无遗留下的杂物。

2）逐步检查汇流箱内部接线，应全部正确。

3）使用万用表对每路电压进行测量，每路电压均显示正常。

所有检查都合格后，方可送电试运行。

1.2.4 蓄电池安装

一般可将蓄电池分为阀控胶体电池和阀控铅酸电池，这是目前太阳能独立系统中用的最多的两个品种。

在安装蓄电池时应注意以下几点。

1）应将蓄电池直立放置，不可倒置或平躺，且应放置于较为干燥、周边环境温度变化范围较小的地方。蓄电池充电时可能产生酸性气体，确保环境周围通风良好。室外安装时应避免阳光直晒和雨水渗入。

2）蓄电池之间与控制器之间的连接应牢固不松动，其绝缘导线的粗细应根据电池容量选择。

3）在搬运、安装蓄电池时，应做好极柱的防护工作，电池的端面不能受压，安全阀不允许松动，应轻拿轻放，禁止倒置、翻滚、摔撞、暴晒和雨淋，严禁短路等。

4）在安装蓄电池时，应尽量靠近方阵及负荷，选用的电缆、铜排、连接线要合适，以免增加线路的压降。多路并联使用时应尽量使线路压降大致相同，且每组蓄电池配熔丝。

5）为防止蓄电池组发生电击危险，在装卸导电连接条时，应使用绝缘工具；在安装和搬运蓄电池时，要戴绝缘手套。蓄电池附近避免放置金属物件，防止蓄电池发生短路。

6）在安装末端连接件和接通蓄电池之前，应认真检查蓄电池的总电压和正负极，以确保安装正确。

7）在进行蓄电池和控制器或负载连接时，应断开电路开关，并要确保连接正确。

8）应保持蓄电池清洁，应用湿布擦拭而不能用有机溶剂清洗其外部。

1.2.5 光伏控制器安装

（1）选择安装地点

避免将控制器安装在阳光直射、高温和容易进水的地方，并且要保证控制器周围通风良好。

（2）开箱及检查

收到货物请在开箱之前先检查包装是否有明显破损或者变形，然后再打开包装箱，取出控制器，先检查外观有无损坏，内部连接线和螺钉有无松动等。

（3）选择安装方式

控制器可水平安装，也可垂直悬挂安装。如选择水平安装方式，可以直接将控制器放置于安装台上即可；选择垂直安装，取出附件，将其颠倒水平放置，如图1-93所示，将附件安装在控制器上。将控制器放在将要安装的位置，检查上下是否有空间通风，周围是否有空间接线。

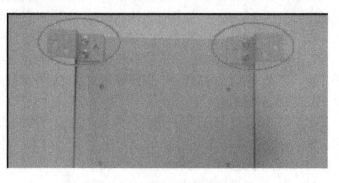

图1-93　将附件安装在控制器上

（4）做记号

在安装表面用笔在8个安装孔位置做个记号。

（5）钻孔

移开控制器，在8个记号处钻8个大小合适的安装孔。

（6）固定控制器

再把控制器放到安装表面，对准第5步所钻的8个孔，用螺钉固定控制器。

（7）连线

小功率光伏控制器在安装时要先连接蓄电池，再连接太阳能组件的输入，最后连接负载或逆变器，还要注意正负极不要接反。在进行大中型光伏控制器接线时，要将工作开关放在关的位置，先连接蓄电池组输出引线，再连接太阳能电池方阵的输出引线，在有阳光照射时闭合开关，观察是否有正常的直流电压和充电电流，一切正常后，再进行与光伏逆变器的连接。3.6kW离网光伏发电系统所用控制器接线端子情况如图1-94所示。

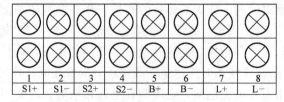

图1-94　所选用光伏控制器接线端子

1—光伏板1路正极S1+　2—光伏板1路负极S1-　3—光伏板1路正极S2+　4—光伏板1路负极S2-

5—蓄电池正极B+　6—蓄电池负极B-　7—负载正极L+　8—负载负极L-

（8）控制器面板按键概述

控制器面板按键如图1-95所示。

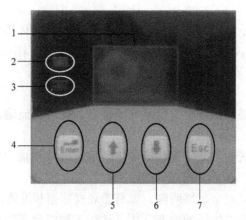

图 1-95 控制器面板按键

1—液晶显示器，显示系统运行参数 2—充电指示灯，指示充电状态 3—蓄电池指示灯，指示蓄电池电压状态及放电状态
4—设置按键，按此按键进入设置界面或者更换设置参数 5—向上翻页/加按键，按此键向上翻页或者数字加一
6—向下翻页/减按键，按此键向上翻页或者数字减一
7—退出按键，在设置界面下按此键退出设置界面到浏览界面，掉电不保存设置数据

1.2.6 光伏逆变器安装

1. 光伏逆变器的安装步骤、说明及注意事项

（1）安装步骤及说明

光伏逆变器的安装步骤如图 1-96 所示。其安装说明如表 1-16 所示。

表 1-16 光伏逆变器的安装说明

安装步骤	安装说明
安装前的准备	产品配件是否齐全 安装工具以及零件是否齐全 安装环境是否符合要求
机械安装	安装的布局 移动、运输逆变器
电气连接	直流侧接线 交流侧接线 接地连接 通信线连接
安装完成检查	光伏阵列的检查 交流侧接线检查 直流侧接线检查 接地、通信和附件连接，并检查
上电、试运行	试运行的检查 开机前的检查 首次运行步骤 完成试运行

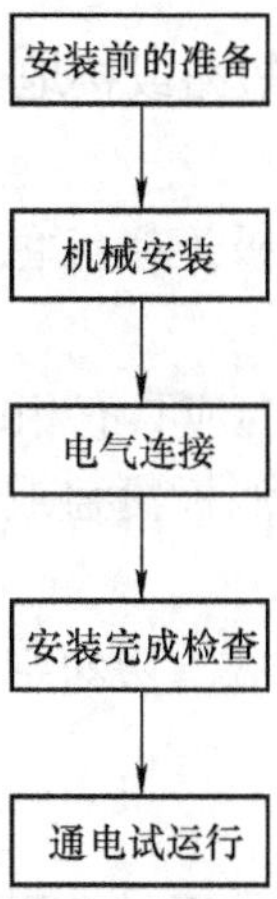

安装前的准备 → 机械安装 → 电气连接 → 安装完成检查 → 通电试运行

图 1-96 光伏逆变器的安装步骤

（2）安装基本要求

根据逆变器室内/室外的安装形式，应将其安装在清洁的环境中，且应通风良好，并保证环境温度、湿度和海拔高度满足产品规格要求。如有必要，则应安装室内排气扇，以避免室温过高。在尘埃较多的环境中，应加装空气过滤网。

（3）安装注意事项

1）安装与维护前，必须保证交直流侧均不带电。任何直流输入电压均不能超过直流输入电压限值。

2）按照设计图样和逆变器电气连接的要求，进行电气连接，并标明对应的编号。在电气连接前，用万用表确认光伏阵列的正负极。

3）应在逆变器前方应留有足够间隙，以易于观察数据和维修。

4）尽量安装在远离居民生活的地方（因其运行过程中会产生一些噪声）。

5）确保安装的地方不会晃动。

2. 离网光伏逆变器的安装

安装所用工具及器件包括扳手、剥线钳、螺钉旋具、绝缘电阻表和万用表等。

（1）安装前的准备

1）在安装前应对机器进行检查。若检查到任何损坏情况，则应与逆变器生产公司联系。

2）根据包装内的装箱单，检查交付内容是否完整。

3）安装环境的检查。勿将逆变器安装在阳光直射处，否则可能会导致逆变器内部温度过高，这时，逆变器为保护内部元件将降额运行，温度过高甚至引发逆变器温度故障；选择安装场地应足够坚固，能长时间支撑逆变器的重量；所选择安装场地的环境温度为 −25 ～ 50℃，应保证安装环境清洁；所选择安装场地环境湿度不超过 95%；逆变器前方应留有足够间隙，以易于观察数据以及维修；确保安装地方不会晃动。

（2）电气连接

离网光伏逆变器接线注意事项如下。

1）所有的电气安装必须符合电气安装标准，并由电气专业人员安装完成。

2）确保输入输出开关都处于断开状态。

3）绝对禁止直流输入与逆变器输出端相连，禁止输出电路短路或接地。

4）直流输入与逆变器之间的连线应尽可能短。

5）在进行连接过程中，应选择不同颜色线缆以示区别。正极连接红色线缆，负极连接蓝色线缆。

6）为保证各路光伏组串之间的平衡，所选择的各路直流线缆应具有相同的横截面积。

7）在进行电气连接之前，务必采用不透光材料将太阳能电池板覆盖或断开直流侧断路器。若将光伏阵列暴露于阳光下，则会产生危险电压。

8）系统的接地端子必须可靠接地，并使接地线长度尽可能短。切勿与电焊机、电动机等其他大电流设备公共接地。

接线方法如下。

1）面板上的空气开关。直流输入，交流输出，控制开关均处于"OFF"状态，并检查负载没有短路等危险情况。

2）将直流输入引线连接到端子排上相应的端子上（注意确保接线正确、安全、牢固）。

3）正确将交流输出引线接到逆变电源的交流输出端子上。

（3）安装后的检查

1）光伏阵列。在逆变器开机运行之前，需要对现场的光伏阵列进行检查，检查每一个太阳能电池的开路电压是否符合要求，以确保正负极性正确。

2）逆变器 DC 端的连接。检查 DC 电路的接线。注意正负极不能接反，与光伏阵列正负极保持一致。测量每一个 DC 输入的（开路）电压。检查电压偏差（在稳定天气条件下），若偏差大于 3%，则可能是太阳能电池线路故障、电缆损坏或接线松动。

3）逆变器 AC 端的连接。检查相电压是否都在预定范围内。如果可能的话，测量相的总谐波失真（THD），并查看曲线。若畸变情况很严重，则逆变器可能无法正常运行。

（4）上电运行

1）在确保输入直流电压正确后，可合上直流输入开关。

2）将控制逆变的开关打开，检查输出电压是否有 AC 220V 输出。

施工完毕后的徐州工业职业技术学院 3.6kW 离网光伏发电系统如图 1-97 所示（右上角 15 块光伏组件，上面 8 块，下面 7 块）。

图 1-97　徐州工业职业技术学院 3.6kW 离网光伏发电系统

任务 1.3　3.6kW 离网光伏发电系统运维

1.3.1　光伏发电系统运行前检查

光伏发电系统运行前的检查主要是对各电气设备、部件等进行外观检查，包括各设备的开关状态、光伏阵列、接线箱和逆变器等。

1. 检查设备的开关状态

检查汇流箱开关是否处于断开状态；控制器开关是否处于断开状态；逆变器开关是否处于断开状态等。

2. 光伏阵列

检查各组件表面有无污物、裂纹、划伤、变形；外部布线有无损坏；支架是否腐蚀、生锈；接地线有无损伤，接地端子是否松动等。

3. 汇流箱

检查汇流箱外部是否有腐蚀、生锈；外部布线有无损伤，接线端子是否松动；接地线有无损伤，接地端子是否松动等。

4. 逆变器

检查外壳是否腐蚀、生锈；外部布线有无损伤，接线端子是否松动；接地线有无损伤，接地端子是否松动；工作时声音是否正常，是否堵塞；换气口过滤网是否堵塞；安装环境是否有水和高温存在等。

1.3.2 光伏发电系统运行前测试

1. 运行前绝缘电阻测试

（1）光伏阵列电路绝缘电阻测试

太阳能电池在白天始终有较高的电压存在，在进行光伏阵列的绝缘电阻测试时，要准备一个能够承受光伏阵列短路电流的开关，主要用于将光伏阵列的输出端短路。用 500V 或 1000V 的绝缘电阻表，测量光伏阵列各输出端子对地间的绝缘电阻。

具体测量步骤如下。

1）准备好绝缘电阻表（500V 或 1000V）和能承受光伏阵列短路电流且能短路的开关。

2）断开直流接线箱中全部开关。

3）将绝缘电阻表和短路开关（处于断开状态）按图 1-98 所示接好电路。

4）闭合测量回路中的开关 K_n。

5）闭合短路开关，使光伏阵列的输出短路。

6）测量光伏阵列输出端对地的绝缘电阻。

7）断开短路开关，使光伏阵列输出开路。

8）断开测量回路的开关 K_n。

9）重复 3）~6）的操作，测量所有子阵列的绝缘电阻的绝缘性能，并判断是否达到要求。

绝缘电阻判定标准如表 1-17 所示。

（2）逆变器绝缘电阻测试

测试项目包括逆变器输入回路的绝缘电阻测试以及逆变器输出回路的绝缘电阻测试。逆变器的输入、输出绝缘电阻判定标准如表 1-17 所示。

逆变器绝缘电阻的测试电路如图 1-99 所示。根据逆变器的额定电压选择不同电压等级的绝缘电阻表（500V 或 1000V）。

在测试输入回路的绝缘电阻时，首先将光伏阵列与接线箱分离，并将逆变器的输入回路和输出回路短路，然后测量输入回路与大地间的绝缘电阻。

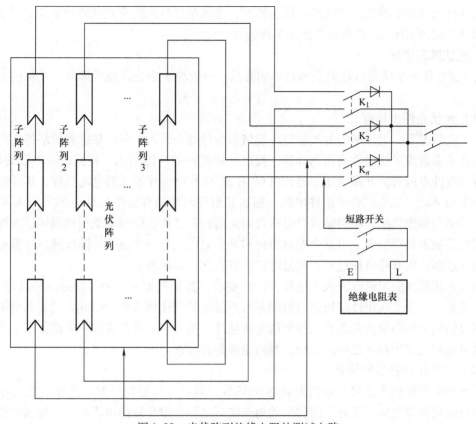

图 1-98　光伏阵列绝缘电阻的测试电路

表 1-17　绝缘电阻判定标准

对地电压/V	绝缘电阻/mΩ
≤150	≥0.1
150~300	≥0.2
≥300	≥0.4

在测试输出回路的绝缘电阻时，同样将光伏阵列与接线箱分离，将逆变器的输入回路和输出回路短路，然后测量输出回路与大地间的绝缘电阻。

2. 运行前绝缘耐压测试

对于光伏阵列和逆变器，根据要求有时需要进行绝缘耐压试验，测量光伏阵列电路和逆变器电路的绝缘耐压值。测量的条件和方法与前述的绝缘电阻测试相同。

（1）光伏阵列电路绝缘耐压测试

在进行光伏阵列电路的绝缘耐压测试时，一般将防雷装置取下，然后

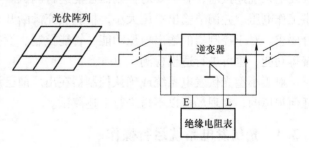

图 1-99　逆变器绝缘电阻的测试电路

进行测试。将标准光伏阵列开路电压作为最大使用电压，对光伏阵列电路加上最大使用电压的 1.5 倍的直流电压或 1 倍的交流电压，测试时间为 10min 左右，检查是否出现绝缘破坏。

（2）光伏逆变器电路绝缘耐压测试

在进行光伏逆变器电路的绝缘耐压测试时，测试电压与光伏阵列电路的绝缘耐压测试相同，测试时间为10min，检查是否出现绝缘破坏。

3. 光伏阵列测试

为了使光伏系统满足负载电压和功率的要求，一般将多个光伏组件串联、并联构成光伏阵列。

（1）光伏组件串检查

在一般情况下，组件串中的光伏组件规格和型号是一致的，可以根据光伏组件生产厂家提供的技术参数或光伏组件后面的标签，查出单块组件的开路电压，将其乘以串联的数目，大致得出组件串两端的开路电压。通常由60片或72片电池片组成的电池组件，其开路电压约为37V或42V，如果将若干组件串联，那么其组件两端的开路电压约为37V或42V的整数倍。若测量的光伏组件串两端开路电压与理论值相差过大，则可能是组件损坏、极性接反或连接处接触不良等原因。可逐个检查组件的开路电压及连接状况，排除故障。注意若组件串联数目过多，则开路电压过高，测量时应注意安全，以防电击。

测量光伏阵列的短路电流大小应符合设计要求，若相差较大，则可能是组件性能不良，应予以更换。由于光伏组件的短路电流随着日照强度的变化而变化，因此在安装场地不能完全根据短路电流的测量值判断有无异常的光伏组件。但是，如果存在同一电路条件下的组件串，就可通过组件串相互之间的比较，判断组件是否异常。

（2）光伏组件并联串检查

只有所有并联的光伏组件串的开路电压基本相同后方可进行并联。并联后电压基本不变，但总的电流应大体等于各个组件串的短路电流之和。由于短路电流太大，测量时可能产生火花，甚至造成设备或人身事故，所以测量时尤其要注意安全。

（3）测试光伏阵列参数

如果有若干个方阵，则均应按以上方法进行测试，合格后方可将阵列输入的正、负极接入汇流箱，测试阵列总的工作电压和电流等参数。

4. 光伏控制器的性能测试

对于离网光伏发电系统，光伏控制器的主要功能是防止蓄电池过充电和过放电。在与光伏发电系统连接前，有必要对控制器性能进行测试。可用一可调的直流稳压电源给控制器提供工作电压，并调节输出电压大小，检验其充满断开、自动恢复及低压断开时的电压是否符合要求。对于控制器的输出稳压功能、智能控制、设备保护、数据采集、状态显示和故障报警等功能，也可进行适当检测。

对于小型光伏发电系统或确认控制器在出厂前已调试合格，并在运输和安装过程中没有任何损坏的，在现场可以不再进行上述测试。

1.3.3 光伏发电系统运行操作

光伏发电系统起动运行步骤如下。

1）全面复核各支路接线的正确性，再次确认直流回路正负极性的正确性。

2）确认系统中所有隔离开关、空气开关处于断开位置。

3）确认所有设备的熔断器处于完好状态。

4）测量光伏阵列的开路电压，确认电压正常。

5）接入蓄电池组，闭合蓄电池开关盒内的开关、闭合控制器的蓄电池组输入开关。

6）接入光伏阵列。依次闭合阵列输入开关，开始对蓄电池充电。

7）蓄电池组初充电完成后，闭合控制器的负载输出开关，向后面电路（逆变器或负载）供电。

8）确认光伏逆变器的直流输入电压极性正确，闭合逆变器的直流输入开关。

9）开起光伏逆变器，检测并确认逆变器交流输出电压值是否正确。

10）闭合交流配电柜输入开关，检查配电柜开关、指示仪表状态是否正常，正常，闭合配电柜的输出开关，向外电网供电。

1.3.4 光伏发电系统停机操作

如果系统在使用过程中出现异常情况，就需要停机退出光伏发电系统进行检修，此时，应按照以下步骤进行。

1）切断负载电源开关。

2）断开光伏阵列输入开关。

3）断开蓄电池接线。

1.3.5 光伏发电系统运行性能测试

理想的光伏发电系统测试条件为 3~10 月某天晴朗的中午。如果不可能达到理想测试条件，那么也可以在阳光良好的某个中午进行测试。性能测试步骤如下。

1）检查光伏阵列是否被阳光照射，并且没有任何遮阴。

2）如果系统没有运行，就应先让它运行 15min，然后再进行系统性能测试。

3）用下面方法 1 或方法 2 测试太阳能辐射强度，并将测试值记录下来。用最高辐射值除以 1 000W/m² ，得出的数据为辐射比。如

$$\frac{692\text{W/m}^2}{1000\text{W/m}^2} = 0.692$$

方法 1：用标准的日照计或日射强度计测试。

方法 2：选择一个与本系统光伏阵列同一型号且正常运行的光伏组件，与所要测试的光伏阵列保持同样的方向和角度，将其置于阳光下，暴晒 15min 后，用万用表测试短路电流，并进行记录（单位：A）。用此值除以印在光伏组件背面的短路电流（I_{sc}），再乘以 1000W/m²，即可得到实际辐射值。如实测短路电流为 3.6A，印在光伏组件背面的短路电流为 5.2A，则实际辐射值 = 3.6A/5.2A × 1000W/m² = 692W/m²。

4）将光伏组件的输出功率汇总并记录这些值，然后乘以 0.7（系统性能比），即得到预期交流输出的峰值。

5）用逆变器或系统仪表测量交流输出功率，并记录此值。

6）用交流测量功率除以当时的辐射比值，得到估算的交流输出功率，并记录此值。

7）判断系统运行是否正常。用估算的交流输出功率值与预期交流输出的峰值的比值判断系统是否正常工作。如高于交流估算值的 90% 或者更多，则说明系统运行正常；如低于交流估算值的 90%，则说明这个光伏系统运行不正常，有遮挡、组件表面脏、连线错误、熔丝损坏、逆变器等问题。

【例1-14】 一个光伏发电系统由10块100W的光伏组件组成，运行的光伏组件的实际太阳能辐射为692W/m²，实际测量的交流输出功率为510W。试计算太阳能辐射为1000W/m²时的输出功率，并确定这个系统是否正常运行。

解：光伏阵列的总额定功率为100W×10 = 1000W

预期的交流输出的峰值为1000W×0.7 = 700W

估算的交流输出功率值为(510÷0.692)W = 737W

737÷700 = 1.05

1.05≥0.9，说明系统运行正常。

1.3.6 光伏发电系统维护

3.6kW离网光伏发电系统不需要专门安排工作人员进行维护，为了保持长久的工作性能，建议每年进行两次下面的检查。

1）确认控制器被牢靠地安装在清洁、干燥的环境。

2）确认控制器周围的气流不会被阻挡住，清除散热器上的污垢或碎屑。

3）检查裸露的导线是否因日晒、与周围其他物体摩擦、干朽、昆虫或鼠类破坏等导致绝缘受到损坏。如果必要维修或更换导线。

4）仔细检查设备连接端子的螺钉是否拧紧。

5）检查系统部件的接地，核实接地导线都被牢固而且正确地接地。

6）检查接线端子，查看是否有腐蚀、绝缘损坏、高温或燃烧/变色迹象。

7）检查是否有污垢、筑巢昆虫和腐蚀现象，按要求清理。

8）若防雷已失效，及时更换失效的防雷器以防止造成控制器甚至用户其他设备的雷击损坏。

1.3.7 光伏发电系统常见故障及排除

3.6kW离网光伏发电系统常见故障、产生原因及解决方法如表1-18所示。

表1-18　3.6kW离网光伏发电系统常见故障、产生原因及解决方法

故障现象	可能原因	解决方法
当有阳光直射光电池组件时，控制器红色充电指示灯不亮	蓄电池充满或者光电池阵列连线开路	首先检查蓄电池电量是否趋于饱和，在蓄电池电量趋于饱和的情况下不在充电状态，因此充电指示灯熄灭；其次检查光电池电源两端接线是否正确，接触是否可靠
控制器绿色指示灯不亮	蓄电池处于过压状态	待蓄电池恢复正常后自动恢复
控制器绿色指示灯闪烁	蓄电池欠电压	待蓄电池充足电后指示灯自动恢复绿色

习　题

现有客户需设计一套离网光伏发电系统（地点：徐州某地），负载为10盏220V交流荧光灯，每盏为50W，总功率为500W，每天使用10小时，蓄电池按照连续阴雨天两天计算；系统效率取0.7；直流系统工作电压为48V；峰值日照时间取4.5h。

1）完成整个系统的设计与选型（如光伏组件容量、数量计算，蓄电池容量、数量计算，光伏组件、蓄电池、控制器、逆变器、直流汇流箱的选型等），要有具体设计或计算过程及选型依据，并通过网络查询相关型号、技术参数；

2）完成系统施工、测试、运行、维护方案。

项目 2　家用 3kW 分布式光伏发电系统设计、施工与运维

任务要求

　　针对普通家庭的用电需求，拟在徐州（北纬 34°15′48.37″，东经 117°11′16.35″）某小区别墅屋顶安装 3kW 分布式并网光伏发电系统（市电 230V 并网），屋顶可利用面积为 40m²，整体面向正南，屋顶为斜面结构（角度为 34°），峰值日照时间按 4h 估算。①完成整个系统的设计与选型（如光伏组件数量、逆变器、双向电度表等的选型），要有具体设计或计算过程及选型依据，并通过网络查询相关型号、技术参数；②完成施工、运行、维护方案。

任务 2.1　家用 3kW 分布式光伏发电系统设计

2.1.1　并网光伏发电系统简介

　　太阳能并网光伏发电系统是将光伏阵列产生的直流电经过并网逆变器转换成符合公共电网要求的交流电之后直接接入公共电网。因直接将电能输入到公共电网，免除了配置蓄电池，省掉了蓄电池储能和释放的过程，可以充分利用光伏阵列所发的电力，从而减小了能量的损耗，提高了系统对太阳辐射能的使用率，降低了系统的成本。

　　并网光伏发电系统按接入方式分为集中式大型并网光伏系统和分布式中小型并网发电系统。集中式大型并网光伏电站一般都是国家级电站，主要特点是装机容量大，通常都是 MW 级以上，其将所发电能升压后直接输送到国家输电网上，再由电网统一调配向用户供电。但这种电站投资大、建设周期长、占地面积大。而分布式中小型并网光伏系统，特别是光伏建筑一体化光伏发电，主要是利用建筑物的房顶或外立面，由于投资小、建设快、占地面积小、国家政策支持力度大等优点，是目前分布式并网光伏发电的主流。

　　常见并网光伏发电系统一般有以下几种形式。

1. 有逆流并网发电系统

　　有逆流并网发电系统示意图如图 2-1 所示。当太阳能光伏发电系统发出的电能充裕时，可将剩余的电能送入公共电网；当太阳能光伏发电系统提供的电力不足时，由电网向负载供电。由于向电网供电时与电网供电的方向相反，所以称为有逆流光伏发

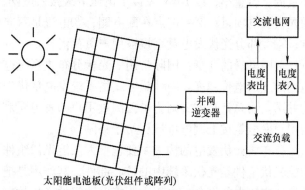

图 2-1　有逆流并网发电系统示意图

电系统。

2. 无逆流并网发电系统

无逆流并网发电系统示意图如图 2-2 所示。当太阳能光伏发电系统即使发电充裕时，也不向公共电网供电，但当太阳能光伏发电系统供电不足时，则由公共电网供电。

3. 切换型并网光伏发电系统

切换型并网光伏发电系统示意图如图 2-3 所示。它具有自动运行双向切换的功能。一是当光伏发电系统因天气及自身故障等原因导致发电量不足时，切换器能自动切换到电网供电侧，由电网向负载供电；二是当电网因某种原因突然停电时，光伏发电系统可以自动切换使电网与光伏发电系统分离，成为独立光伏发电系统工作状态。一般切换型并网光伏发电系统都带有储能装置。

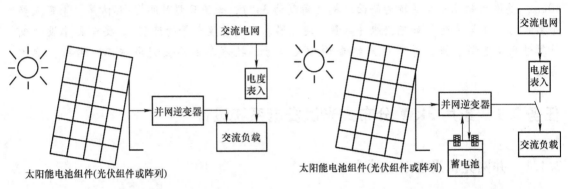

图 2-2 无逆流并网发电系统示意图   图 2-3 切换型并网光伏发电系统示意图

2.1.2 分布式光伏发电简介

1. 分布式光伏发电概念

分布式光伏发电是指区别于集中式光伏发电的建设方法，一般建在用户侧，所生产的电力主要为自用。目前应用最为广泛的分布式光伏发电系统，是建在建筑物屋顶的光伏发电项目。该类项目必须接入公共电网，与公共配电网一起为附近的用户供电。如果没有公共电网支撑，分布式系统就无法保证用户的用电可靠性和用电质量，所以为了减小光伏系统对当地配电网的影响，一般要求装机量不能大于当地配电变压器容量的 30%。其特点是：①电压等级低、容量小，以 10kV 及以下电压等级接入电网，且单个并网点总装机容量不超过 6MW 的光伏发电项目；②并网点在配电侧；③电流是双向的，可以从电网取电，也可以向电网送电；④大部分光伏发电量直接被用户负荷消耗。

上网电量的计量：国际常用的光伏分布式系统电量计量方式有净计量和总计量，并搭配适当的上网电价制度。净计量方式指系统发电量优先供给用户侧使用，多余发电量按上网电价并网。而总计量方式则为单独测量用户的发电量和用电量，用户用电量按市电价格支付，而用户发电量按上网电价计算给予补贴。

分布式光伏发电的构成主要包括太阳能光伏组件、保护装置、逆变器、电网接口等。太阳能光伏组件是光伏系统中的核心部件，其作用是把太阳能转化成电能。逆变器是将直流电转换成交流电的设备。由于太阳能电池组件产生的电为直流电，而实际应用过程中绝大部负载都是交流负载，因此需要此装置将直流电转换成交流电以供负载使用。

2. 分布式光伏发电项目应用

分布式光伏发电充分利用了太阳能广泛存在的特点，并且避免了集中建设的场地限制因素，具有建设灵活的特点。特别是在用电量比较大、网购电比较高的工厂，通常厂房屋顶面积很大，屋顶开阔平整，适合安装光伏阵列；同时由于用电负荷较大，分布式光伏发电可以做到就地消纳，抵消一部分网购电量，从而节省用户的电费。也可用于商业建设面上，商业建筑多为水泥屋顶，更有利于安装光伏阵列，但是往往对建筑美观性有要求，可按照商厦、写字楼、酒店和会议中心等服务业的特点进行安装，其用户负荷性一般表现为白天较高、夜间较低，能够较好的匹配光伏发电的特性。居民区有大量的可用屋顶，包括自有住宅屋顶、蔬菜大棚、鱼塘等，居民区往往处在公共电网的末梢，电能质量较差，在居民区建设分布式光伏系统可提高用电保障率和电能质量。

典型的户用型分布式光伏并网系统如图 2-4 所示。在分布式并网光伏系统中，白天不用的电量可以通过逆变器将这些电能出售给当地的公用电力网，夜晚需要用电时，再从电力网中购回。

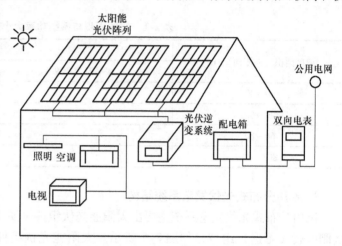

图 2-4 典型的户用型分布式光伏并网系统

2.1.3 家用屋顶分布式光伏发电系统设计

民用屋顶分布式光伏发电系统有别于大型集中式并网光伏发电系统，由于受到安装光伏组件的可用面积等问题，一般容量较小，往往只几个 kW 至几十个 kW，有以下特点：

1）并网点在配电侧（并网电压为 230V 或 400V）；

2）电流是双向，可以从电网取电，也可以向电网送电；

3）大部分光伏发电的电量直接被用户负荷消耗，自发自用，余电上网。

因为并网光伏发电系统不需要蓄电池和充电控制器，且其供电对象是较稳定的电网，所以并网光伏发电系统的设计比离网光伏发电系统简单。它不需要考虑发电量与用电量之间的平衡，也不需要考虑负载的电阻、电感特性。通常只需根据光伏组件总功率选择合适的汇流箱、并网逆变器，再根据系统各种损耗估算其发电量，评估收益；反之，也可根据需要的发电量逆向设计所需光伏组件的总功率及逆变器选型等。并网系统没有储能问题，所发电量及时上传电网，所以会按最大发电量来确定最佳倾角。

1. 光伏发电系统在建设物上的安装方式

光伏发电系统在建设物上安装有 BAPV 和 BIPV 两种方式。

BAPV（Building Attached Photovoltaic）主要指在现有建筑上安装的太阳能光伏发电系统，对建筑物改造较小，本书以 BAPV 方式讲解。

BIPV（Building Integrated Photovoltaic）是将太阳能发电（光伏）产品集成到建筑上的技术，需要和整体建设一体设计，工作量大，较为复杂。

光伏发电系统的容量也就是光伏发电系统中的光伏组件阵列的总功率，一般根据居民的可建设屋顶面积来设计。安装空间可以是斜面屋顶，也可以是平面屋顶。平面屋顶 $1m^2$ 的面积目前可安装约 75W（与项目地的经纬度有关，电池板的面积与所占地面积的比约为 50%）的组件，屋面承重增加约 35 ~ 45kg。朝南向斜面屋顶 $1m^2$ 可安装约 130W 的组件，屋面承重增加约 15kg。一般居民可以构建 3 ~ 5kW 的电站。屋顶面积与系统功率大小关系可参考表 2-1（以朝南为例）。

表 2-1　屋顶面积与系统功率大小关系

屋顶面积（向阳面）/m^2	可安装系统容量	
	水平屋顶/kW	斜面屋顶/kW
30 ~ 40	2	3
40 ~ 60	3	5
60 ~ 80	4	7
80 ~ 100	5	8

2. 家用分布式光伏发电系统结构

家用分布式光伏发电系统主要由太阳能光伏组件、逆变器、交流配电箱、双向电表、光伏侧电表（可选）组成，如图 2-5 所示。太阳能光伏组件的作用是把太阳能转换成电能；并网逆变器的作用是把光伏组件送来的直流电转换成与市电同频、同相的交流电，优先供给负载使用，余电上网；交流配电箱的作用是安装电表、接线等；双向电表的作用是计量用户用电和卖到电网的电量。考虑到很多家庭用户不会看逆变器，所以在交流配电箱输出端装一块计量光伏发电电量的电表。

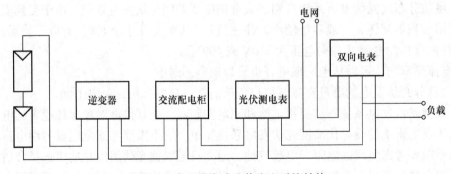

图 2-5　家用分布式光伏发电系统结构

3. 太阳能光伏组件选型

（1）选择光伏组件的基本要求

光伏组件是光伏发电系统的核心部件，其技术性能和指标对整套系统的长期稳定运行起到至关重要的作用，要求选择转换效率要高、使用寿命要长、技术性能稳定的组件。

（2）太阳能光伏组件串并联设计约束条件

① 在当地最低气温条件下运行时，组件串的开路电压值 U_{OC} 应低于逆变器的最高直流输入电压值。

② 在当地最高气温条件下运行时，组件串的最大功率电压值 U_{mp} 应高于逆变器 MPPT 工作范围内的最低直流输入电压值。

③ 组件串的总电流不高于逆变器的最大直流输入电流值。

④ 输入同一台逆变器的组件串，要通过对组件的参数分选、位置安排，使其电压值之间的差别控制在 5% 以内。

（3）光伏阵列倾角设计原则

如直接在倾斜屋面安装则不考虑倾斜角，与屋面一致即可；如在平面屋顶安装，要求系统发电量最大，倾角一般选择和当地纬度一致，此时组件全年接收的太阳辐射最大，有时考虑到提高装机容量、减少风压也可适当降低安装倾角，可用 PVsyst 软件进行优化。

4. 并网逆变器的选型

并网逆变器是并网光伏电站中的核心设备，它的可靠性、高性能和安全性会影响整个光伏系统。对并网逆变器的输出电压即并网电压的选择，国家电网要求如下：8kW 以下可接入 220V；8～400kW 可接入 380V；400kW～6MW 可接入 10kV。

根据逆变器的特点，光伏电站逆变器选型方法：220V 项目选用单相组串式逆变器，8～30kW 选用三相组串式逆变器，50kW 以上的项目可以根据实际情况选用组串式逆变器和集中式逆变器（参见项目 3 中的集中逆变器的选型内容）。家用分布式光伏发电系统常用的逆变器有组串式逆变器和微型逆变器。

（1）组串式逆变器

组串式逆变器（如图 2-6 所示）是将光伏组件产生的直流电直接转变为交流电后汇总再升压、并网。因此，逆变器的功率都相对较小，分布式光伏发电系统中一般采用 50kW 以下的组串式逆变器，功率开关管采用小电流的 MOSFET，拓扑结构采用 DC－DC－BOOST 升压和 DC－AC 全桥逆变两级电力电子器件变换，防护等级一般为 IP65。体积较小，可用室外壁挂式安装。

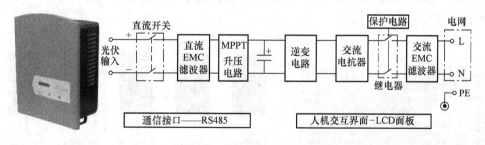

图 2-6　组串式逆变器及电路框图

1）优点。

① 组串式逆变器采用模块化设计，每个光伏组件串对应一个逆变器，直流端都具有最大功率跟踪功能，交流端并联并网，其优点是不受组串间模块差异，和阴影遮挡的影响，同时减少光伏电池组件最佳工作点与逆变器不匹配的情况，最大程度增加了发电量。

② 组串式逆变器 MPPT 电压范围宽，一般几十伏至几百伏，组件配置更为灵活。在阴

雨天，雾气多的部区，发电时间长。

③ 组串式逆变器的体积小、重量轻，搬运和安装都非常方便，不需要专业工具和设备，也不需要专门的配电室，在各种应用中都能够简化施工、减少占地，直流线路连接也不需要直流汇流箱和直流配电柜等。

④ 使用组串式逆变器的电站可以在同一个项目中使用不同类型的组件，这是在传统集中型逆变器电站中无法实现的。

⑤ 组串式逆变器具有自耗电低、故障影响小、更换维护方便等优势。

⑥组串式逆变器体积较小，占地面积小，无须专用机房，安装灵活。

2）缺点。

① 功率器件电气间隙小，不适合高海拔地区。户外型安装，风吹日晒很容易导致外壳和散热片老化。

② 不带隔离变压器设计，电气安全性稍差，不适合薄膜组件负极接地系统。

③ 多个逆变器并联时，总谐波高，单台逆变器 THDI 可以控制到 2% 以上。

④ 逆变器数量多，总故障率会升高，系统监控难度大。

⑤ 没有直流断路器和交流断路器。没有直流熔断器，当系统发生故障时，不容易断开。

⑥ 单台逆变器可以实现零电压穿越功能，但多机并联时，零电压穿越功能、无功调节、有功调节等功能实现较难。

3）适用范围。

分散的屋顶电站、不平坦的山地电站、滩涂电站、有阴影遮挡的电站、组件阵列朝向不同的电站和农业大棚电站等。

（2）微型逆变器

微型逆变器（如图 2-7 所示）一般指的是光伏发电系统中的功率小于或等于 1000W，具有组件级 MPPT 的逆变器，全称是微型光伏并网逆变器。传统的光伏逆变方式是将所有的光伏电池在阳光照射下生成的直流电全部串并联在一起，再通过一个逆变器将直流电逆变成交流电接入电网；微型逆变器则对每块组件进行逆变。其优点是可以对每块组件进行独立的 MPPT 控制，能够大幅提高整体效率，同时也可以避免集中式逆变器具有的直流高压、弱光效应差和木桶效应等。

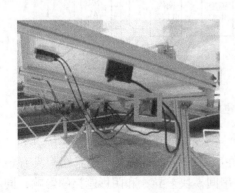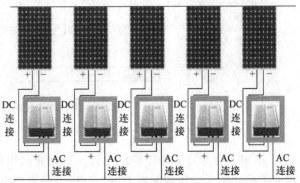

图 2-7 微型逆变器及应用

（3）分布式光伏发电系统逆变器的选型

对于光伏并网逆变器的选型，应注意以下几个方面的指标。

1）具有实时监测功能。光伏并网必须对电网和太阳能光伏组件输出情况进行实时监测，对周围环境做出准确判断，完成相应的动作，如对电网的投、切控制，系统的启动、运行、休眠、停止、故障的状态检测，以确保系统安全、可靠的工作。

2）具有最大功率跟踪功能（MPPT）。由于太阳能电池的输出曲线是非线性的，受环境影响很大，为确保系统能最大输出电能，需采用最大功率跟踪控制技术（MPPT），通过自寻优方法使系统跟踪并稳定运行在太阳能光伏系统的最大输出功率点，从而提高太阳能输出电能利用率。

3）逆变器输出效率要高。逆变器在满载时，效率必须在95%以上。在$50W/m^2$的日照强度下，即可向电网供电，在逆变器输入功率为额定功率10%时，也要保证90%以上的转换效率。

4）逆变器的输出波形要符合上网要求。为使光伏阵列所产生的直流逆变后向公共电网并网供电，就必须使逆变器的输出电压波形、幅值及相位与公共电网一致，实现无扰平滑电网供电。

5）具有孤岛保护的能力。光伏发电系统作为分散供电电源，当电网由于电气故障、误操作或自然因素等外部原因引起的中断供电时，为防止损坏用电设备以及确保电网维修人员的安全，系统必须具有孤岛保护的能力。

6）具有完善的保护功能等。应具有输入欠压、过电保护，过流保护、输出短路保护、输入反接保护、防雷保护等功能。

7）逆变器输入直流电压范围要宽。由于太阳能电池的端电压随负载和日照强度的变化范围比较大，这就要求逆变器在较大的直流输入电压范围内正常工作，并保证交流输出电压稳定性。且逆变器最小输入直流电压大于光伏阵列最小电压；逆变器最大输入直流电压大于光伏阵列最大电压（空载）。

8）逆变器的输出电压和频率应满足并网要求。逆变器额定输出电压等于电网额定电压；额定频率应等于电网频率。

9）容量匹配设计。并网系统设计中要求电池阵列与所接逆变器的功率容量相匹配，光伏组件阵列的功率计算公式如下：

光伏电池阵列功率 = 组件标称功率 × 组件串联数 × 组件并联数

在容量设计中，并网逆变器的最大输入功率应近似等于电池阵列的功率，考虑到光伏组件的灰尘损失以及电缆的欧姆损失，实际工程中可提高10%左右的光伏阵列功率，以实现逆变器资源的最大化利用。

10）MPPT电压范围与电池组电压匹配。根据太阳能电池的输出特性，电池组件存在功率最大输出点，并网逆变器具有在额定输入电压范围内自动追踪最大功率点的功能，因此电池阵列的输出电压应处于逆变器MPP电压范围以内。

电池阵列电压 = 电池组件电压 × 组件串联数。

一般的设计思路是，电池阵列的最大工作电压略大于并网逆变器MPPT电压的中间值，这样可以达到MPPT的最佳效果。

11）最大输入电流与电池组电流匹配。电池组阵列的最大输出电流应小于逆变器最大输入电流。为了减少组件到逆变器过程中的直流损耗以及防止电流过大使逆变器过热或电气损坏，逆变器最大输入电流值与电池阵列的电流值的差值应尽量大一些。

电池阵列最大输出电流 = 电池组件短路电流 × 组件并联数。

5. 双向计量电能表的选型

双向计量电能表（如图 2-8 所示）就是能够计量用电和发电的电能表，功率和电能都是有方向的，从用电的角度看，耗电的计为正功率或正电能，发电的计为负功率或负电能，该电表可以通过显示屏分别读出正向电量和反向电量并将电量数据存储起来。

安装双向电表的原因是由于光伏发出的电存在不能全部被用户消耗的情况，而余下的电能则需要输送给电网，电表需要计量这一电能数字；在光伏发电不能满足用户需求时则需要使用电网的电，这又需要计量另一个电能数字，普通单向电表不能达到这一要求，所以需要使用具有双向电表计量功能的智能电表。

图 2-8　双向计量电能表

计量电表主要有以下技术参数。

电压：表示适用电源的电压。我国低压工作电路的单相电压是 220V，三相电压是 380V。标定 220V 的电能表适用于单相电源负载电路。标定 380V 的电能表适用于使用三相电源负载电路。

电流：一般电流表的电流参数有两个。如 10（20）A，一个是反映测量精度和启动电流指标的标定工作电流 I_b（10A），另一个是表示在满足测量标准要求情况下允许通过的最大电流 I_{max}（20A）两个值。如果电路中的电流超过允许通过的最大电流 I_{max}，电能表会计数不准甚至会损坏。

电源频率：表示适用电源的频率。电源的频率表示交流电流的方向在 1s 内改变的次数。我国交流电的频率规定为 50Hz。

耗电计量：电子式电能表的计量参数标注的是 ××× imp/kWh，表示用电器每消耗 1kWh 的电能，电能表脉冲计数产生 ××× 个脉冲。

在选择双向计量电表重点从电压和电流两个参数进行考虑。

6. 电网接入方式

家用分布式光伏发电系统大多采用低电压接入方式，即并网系统接入单相 230V 低压配电网，通过交流配电线给当地负荷供电，剩余的电量送入公共电网。

7. 交流配电箱选型

交流配电箱主要用于安放双向电能表、漏电保护器、防雷器等部件。主要从耐用、经济、防雨雪、安全等角度考虑。

2.1.4　家用 3kW 分布式光伏发电系统设计

1. 现场情况

系统位于徐州市区某小区别墅屋顶面，如图 2-9 所示，有效利用面积约为 40m²。

图 2-9 现场情况

2. 装机容量及效果图

根据业主的用电需要及可安装面积，初步设计，在楼顶瓦面采用专业 L 形支架在瓦面下面固定，不破坏屋顶结构。在上面安装支架固定太阳光伏组件，装机容量约为 3kW，效果图如图 2-10 所示。

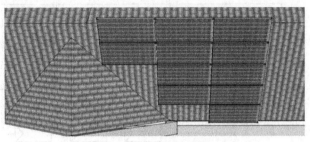

图 2-10 系统效果图

3. 光伏组件选型

选用江苏艾德太阳能科技有限公司的 AD270Q6 – Ab 型光伏组件，如图 2-11 所示。其技术参数如表 2-2 所示。根据用户和现场勘察可安装 3000W 光伏发电系统，共需要光伏组件 3000W/270W ≈ 11 块。

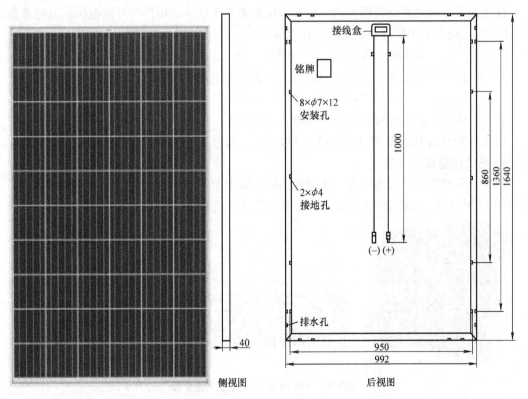

图 2-11 AD270Q6 – Ab 多晶硅光伏组件

表 2-2　AD270Q6 – Ab 多晶硅光伏组件技术参数

项目	参数名称	参数情况	项目	参数名称	参数情况
电气参数	最大输出功率	270W	机械参数	电池片型号	多晶 $156mm \times 156mm$
	最大工作电压	31.75V		电池片数量	60（6×10）
	最大工作电流	8.51A		产品尺寸	$1640mm \times 992mm \times 40mm$
	开路电压	39.16V		产品重量	18.5kg
	短路电流	8.99A		玻璃	钢化玻璃
	组件转换效率	16.60%		边框材料	银色、阳极氧化铝
	工作温度	– 40 ~ 85℃	温度参数	额定电池工作温度	±45℃
	最大系统电压	DC 1000V		最大功率温度系数	– 0.42%/℃
	最大系列熔丝	15A		开路电压温度系数	– 0.30%/℃
				短路电压温度系数	0.06%/℃

把 11 块光伏组件串联在一起构成组件串，如图 2-12 所示。

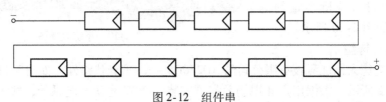

图 2-12　组件串

徐州地区冬季的最低气温可达 – 10℃，根据表 2-2 所示该组件的开路电压的温度系数为 – 0.3%℃，则在 – 10℃时，组件的开路电压为

$$U_{OC(-10℃)} = 430.76V \times [1 + (-10℃ - 25℃) \times (-0.3\%℃)] = 475.9898V$$

夏天组件背相温度可达 50℃，此时组件开路电压为：

$$U_{OC(50℃)} = 430.76V \times [1 + (50℃ - 25℃) \times -0.3\%℃] = 398.453V$$

若不考虑温度对组件开路电压的影响，则有：

串联后的开路电压为 $39.16 \times 11V = 430.76V$，最佳工作电压为 $31.75 \times 11V = 349.25V$。

4. 光伏逆变器的选型

根据并网逆变器的选用要求，选择江苏固德威电源科技股份有限公司生产的 GW3000 – NS 组串式逆变器，如图 2-13 所示，其参数如表 2-3 所示。

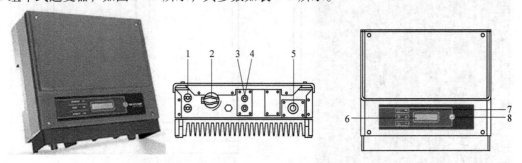

图 2-13　GW3000 – NS 组串式逆变器

1—PV 直流输入端　2—DC 开关（选配）　3—RS485 通信端口和 USB 通信端口
4—Wi – Fi/GPRS 模块通信端口（选配）　5—交流输出端　6—显示屏　7—指示灯　8—按键

表 2-3　GW3000 - NS 技术参数

直流输入参数		交流输出参数	
最大输入功率	3.9kW	最大输出电流	13.6A
额定直流功率	3.3kW	交流过流保护	20A
最大直流电压	580V	额定输出	50/60Hz，230V
MPP 电压范围	80 ~ 550V	输出范围	45 ~ 55Hz/55 ~ 65Hz；180 ~ 270V
启动电压	120V	总谐波失真（THDi）	< 3%
最大输入电流	11A	功率因数（cosθ）	0.8 超前 ~ 0.8 滞后
直流输入路数	2	相数	1
MPPT 数量	2（可并联）	最大效率	97.8%
交流输出参数		欧洲效率	>97.5%
最大输出功率	3.0kV·A	MPPT 效率	99.9%
额定输出功率	3.0kV·A	保护功能	残余电流保护、孤岛保护、过电流保护、绝缘电阻侦测

5. 双向计量电能表的选型

分布式光伏发电系统所用的双向电能表一般是由电力公司免费提供的。这里选用 HIK-ING/华展的 DDS238 - S 型单相双向计量电能表，如图 2-14 所示。

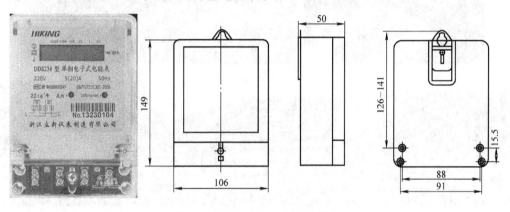

图 2-14　选用的双向计量电能表

6. 交流配电箱的选型

交流配电箱用于连接光伏系统和用户配电系统，需安装保护及计量装置。选择交流配电箱时，应注意以下几个方面。

1）配电箱设计应能满足室外使用要求，美观大方。箱体采用金属箱体，表面喷漆处理，需在醒目位置标有"电气安全警示"标志。

2）配电箱接线端子设计应能保证电缆线可靠连接，对既导电又做紧固用的紧固件，应采用铜质零件。

3）配电箱应配备必要的光伏电站保护装置，具备欠电压保护、短路保护等。

4）金属配电箱外壳箱体需要可靠接地。

5）配电箱内必须配有防雷装置。

所选用交流配电箱如图 2-15 所示。

图 2-15　所选用交流配电箱

任务2.2 家用3kW分布式光伏发电系统施工

2.2.1 光伏组件安装

斜面屋顶安装所需固定部件如图2-16所示。

屋顶组件的安装方法，是将瓦面揭开，把回型固定支架直接固定在木望板、椽子或者混凝土上，然后将瓦面复原，安装导轨和光伏组件，如图2-17所示。

图2-16　斜面屋顶安装所需固定部件

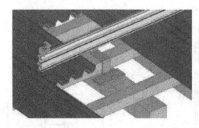

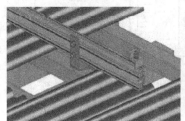

图2-17　光伏组件的安装

2.2.2 光伏逆变器安装

逆变器在家用光伏发电系统的应用典型电路如图2-18所示。

下面以江苏固德威电源科技股份有限公司生产的GW3000 - NS组串式逆变器（外观如图2-13所示）为例，说明此类逆变器的安装过程。

1. 安装位置的选择

安装逆变器必须考虑以下因素。

1）安装位置须适合逆变器重量和尺寸。

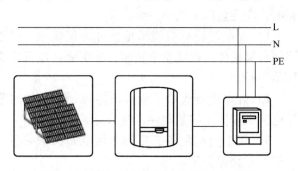

图2-18　逆变器在光伏发电系统中的应用

94

2）应在坚固表面安装。

3）安装位置通风良好。

4）竖直安装或向后倾斜不超过 15°。

5）为保证散热良好，拆卸方便，逆变器周围最小间隙参考图 2-19，单位为 mm。

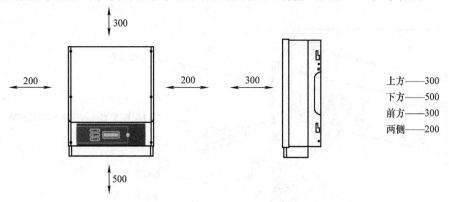

图 2-19　逆变器安装周围最小间隙

2. 安装逆变器

1）以背板为模板定位，在墙壁上钻孔，直径为 10mm，深为 80mm。GW3000 – NS 逆变器模板定位尺寸如图 2-20 所示。

2）用膨胀螺钉把背板固定在墙上。

3）用逆变器的凹槽为把手搬运逆变器，如图 2-21 所示。

4）将逆变器挂在背板上，如图 2-22 所示。

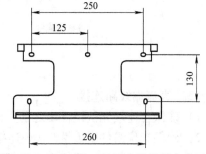

图 2-20　GW3000 – NS 逆变器模板定位尺寸

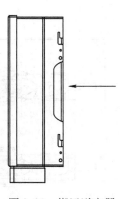

图 2-21　搬运逆变器

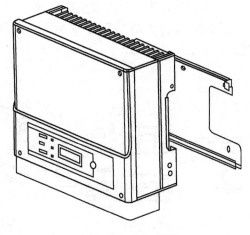

图 2-22　挂逆变器

3. 电气安装

（1）交流端线路连接

1）测量并网接入点的电压和频率，确定符合逆变器并网规格。

2）在交流侧安装断路器或熔丝，其规格为交流输出额定电流的 1.25 倍以上。

3）逆变器的 PE 线（地线）应可靠接地，确保零线与地线之间的阻抗小于10Ω。

4）断开逆变器和并网接入点的断路器或熔丝。

5）如图 2-23 所示，连接市电和逆变器。

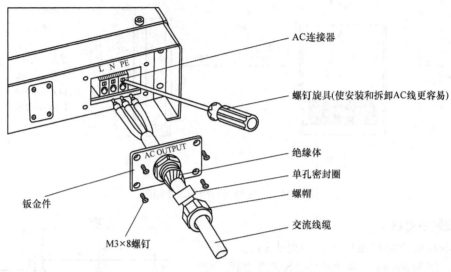

图 2-23　市电与逆变连接

（2）直流端线路连接

1）确保在连接光伏组件串之前直流开关处于关断状态。

2）确保光伏组件串极性与 DC 连接器相匹配。

3）确保在任何情况下每个光伏组件串的最大开路电压应低于逆变器的最大输入电压。

4）光伏组件串正负极禁止接 PE 线（地线）。

图 2-24 和图 2-25 分别为 SUNCLIX 系列、MC4 系列和 AMPHENOL H4 系列连接器安装方法。

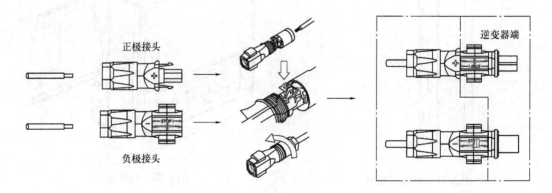

图 2-24　SUNCLIX 系列连接器安装方法

（3）外部接地端子连接

在逆变器一侧有保护性连接孔，如图 2-26 所示，可根据现场条件选择进行接地连接。

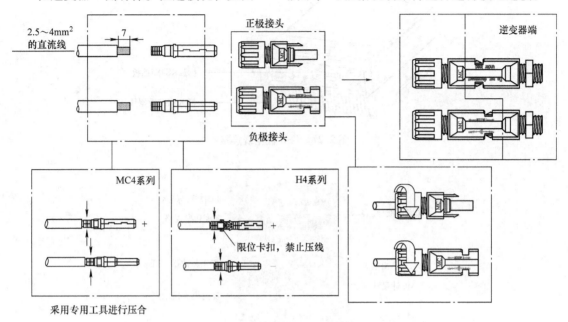

图 2-25　MC4 系列、AMPHENOL H4 系列连接器安装方法

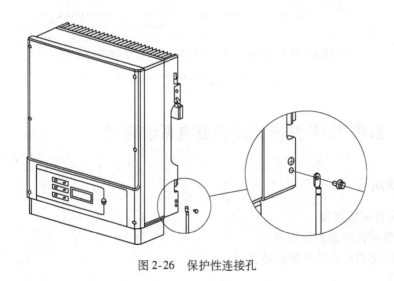

图 2-26　保护性连接孔

（4）USB 通信

USB 数据线按图 2-27 所示进行连接。

2.2.3　双向计量电能表连接

如图 2-28 所示，双向计量电能表的接线。

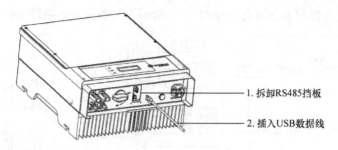

1. 拆卸RS485挡板
2. 插入USB数据线

图 2-27　USB 数据线连接

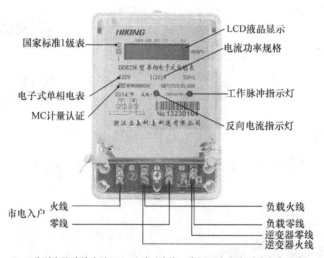

2、5分别为脉冲输出端口，平时不连线，常用于电力表测试电表缆线。

图 2-28　双向计量电能表的连接

任务 2.3　家用 3kW 分布式光伏发电系统运维

2.3.1　系统运行

1. 系统运行前的检查

1）检查各设备连接是否正确。

2）交流断路器是否处于断开状态。

2. 试运行

调试时，要避免选在太阳辐射最强的中午，最好选在晴天的早上 8～9 点，因为此时的太阳辐射不是很大，系统的发电功率不大，可避免发生严重的故障。

1）闭合交流断路器。

2）将逆变器底部直流开关旋转至 "ON" 位置。若光照充足且电网条件满足并网要求，则逆变器进行入 "运行" 状态，将交流电馈入电网。

3）观察逆变器面板指示灯的状态，逆变器显示面板及情况说明如图 2-29 所示。

黄/绿/红灯分别对应：⏻ ▶ ⚠

⏻ POWER	▬▬▬▬▬	长亮：无线监控正常
	▬▬▬	单次闪烁:无线模块复位或重置
	▬▬ ▬▬	两次闪烁:未连接路由器
	▬ ▬ ▬ ▬	四次闪烁:未连接监控网站
	▬ ▬ ▬ ▬ ▬	闪烁:RS485通信正常
		熄灭:无线模块正在恢复出厂设置
▶ RUN	▬▬▬▬▬	长亮：电网正常，并网成功
		熄灭：未并网
⚠ FAULT	▬▬▬▬▬	长亮：系统故障
		熄灭：无故障

图 2-29　逆变器显示面板及情况说明

2.3.2　系统停机

需要进行维护或维修工作时，需要关停系统，即关停逆变器，步骤如下。

1）断开外部交流断路器。

2）断开前级直流断路器，将逆变器直流开关旋至"OFF"位置。

2.3.3　系统能效分析

徐州市位于中纬度地区，属暖温带湿润半湿润气候，气候资源优越，四季分明，光照充足，雨量适中，雨热同期。年均太阳能总辐射量可达 5000MJ／（m^2·a），年均峰值日照时数 1460h 以上，属于资源丰富地区。

1.　太阳能辐射量分析

本工程采用光伏电池组件34°倾角安装，与屋顶倾斜面一致。表2-4是徐州水平面和最佳倾角34°时的各月日太阳辐射量的数据比对，该数据来源于RESTcreen软件的NASA数据，更精确的数据要从当地的气象站获取，此数据由卫星观测再根据模型计算出的。由表2-4可知倾角为34°的日太阳辐射量大于水平日太阳辐射量。

表 2-4　太阳辐射量的数据比对

月份	日太阳辐射量－水平 ／（kW·h/m^2）	月辐射量 ／（kW·h/m^2）	日太阳辐射量－34° ／（kW·h/m^2）	月辐射量 ／（kW·h/m^2）
1	2.93	90.83	4.48	138.88
2	3.57	99.96	4.71	131.88
3	4.22	130.82	4.78	148.18
4	5.07	152.10	5.10	153.00
5	5.45	168.95	5.04	156.24

月份	日太阳辐射量－水平 / (kW·h/m²)	月辐射量 / (kW·h/m²)	日太阳辐射量－34° / (kW·h/m²)	月辐射量 / (kW·h/m²)
6	5.44	163.20	4.86	145.80
7	4.91	152.21	4.47	138.57
8	4.63	143.53	4.48	138.88
9	4.19	125.70	4.48	134.40
10	3.42	106.02	4.17	129.27
11	2.93	87.90	4.24	172.20
12	2.63	81.53	4.17	129.27
平均	4.12	125.23	4.58	143.05

2. 系统的效率分析

并网光伏系统的效率是指系统实际输送上网的交流发电量与组件标称容量在没有任何能量损失情况下理论的发电量之比。标称容量 1kWp 的组件，在接收到 1kW·h/m² 太阳辐射能是的理论发电量为 1kW·h。

并网光伏发电系统的总效率由光伏阵列的效率、逆变器的效率、交流并网效率这 3 部分组成。

1）光伏阵列效率 η_1。光伏阵列在 1000W/m² 太阳辐射强度下，实际的直流输出功率与标称功率之比。光伏阵列在能量转换与传输过程中的损失包括组件匹配损失（组件功率不一致时，木桶短板效应，）一般在 3%~5%、表面尘埃遮挡损失、不可利用的弱太阳辐射损失、温度的影响、最大功率点跟踪（MPPT）精度以及直流线路欧姆损失等，其中最大的是温度影响，光伏组件的功率温度系数一般都在 -0.4%/℃ 左右，而组件在 1000W/m² 的辐射强度下的工作温度将达到 40~50℃。

综合各项以上各因素，一般取 $\eta_1 = 86\%$。

2）逆变器的转换效率 η_2。逆变器输出的交流电功率与直流输入功率之比。对于并网逆变器可取 $\eta_2 = 95\%~97\%$。

3）交流并网效率 η_3。即从逆变器输出至低压电网的传输效率。一般情况下取 $\eta_3 = 99\%$。

系统的总效率等于上述各部分效率的乘积，即

$$\eta = \eta_1 \eta_2 \eta_3 = 86\% \times 96\% \times 99\% = 81.73\%$$

实际上网电量还会受到安装倾角、方位角、灰尘、局部阳光遮挡和安装损失等综合因素的影响，同时考虑光伏组件的光电转换效率和系统其他效率的损失。

3. 系统年发电量预测

$$系统年发电量 = 组件总功率 \times 日平均峰值日照时数 \times 365$$
$$= 2.97W \times 4.58h \times 365$$
$$\approx 4965kW·h$$

其中日平均峰值日照时数按表 2-4 取 4.58h。

系统总效率按 80% 计算：

$$4965kW·h \times 81.73\% = 4058kW·h$$

系统年发电量用 PVsystem 软件进行计算分析，系统年发电量预计如图 2-30 所示。

由图 2-30 看出，由 PVsyst 计算分析年发电量与系统预测发电量很相近，误差部分主要

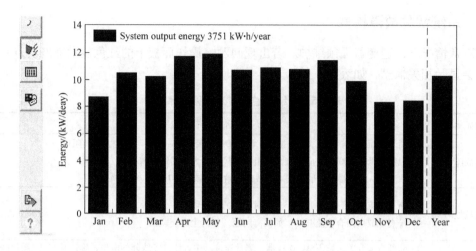

图 2-30　系统年发电量软件计算分析

是 PVsyst 仿真所采用的太阳辐射数据不同，此处仿真选择的数据来源于 1990 年气象观测值，比 NASA 的数据略小。

4. 节能减排效益分析

本工程采用可再生能源的太阳能，并在设计中采用先进可行的节电、节水及节约原材料的措施，对能源和资源利用合理。

光伏组件工作按 25 年计算：

$$25 \text{ 年系统总发电量} = 25 \times 3751 \text{kW} \cdot \text{h/year} = 93775 \text{kW} \cdot \text{h}$$

节能减排效益。该光伏并网发电系统总共发电量 93775kW·h，可节约 30.76t 标准煤，（以平均标准煤 328g/kW·h 计算），减少 93.49t（以 0.997kg/kW·h 计算）、2.81t 二氧化硫（以 0.03kg/kW·h 计算）、1.41t 氮氧化物（以 0.015kg/kW·h 计算）。该光伏发电系统对于环境保护、减少大气污染物具有明显的作用，并有显著的节能，环境和社会效益，可达到充分利用可再生能源，节约不可再生化石资源的目的。对于改善大气环境有积极作用。

2.3.4　系统维护

系统维护重点对光伏组件和逆变器进行维护。

1) 光伏组件长时间运行后，组件表面会沉积尘土或污垢，降低了组件的功率输出。一般建议定期清洁组件来保证其最大功率输出。为了减少潜在的电冲击或热冲击，一般建议在早晨或者下午较晚的时候进行组件清洁工作，因为那时太阳辐照度较弱，组件温度也较低。一般建议清洁光伏组件玻璃表面时用柔软的刷子、干净温和的水，使用的力度要小。

2) 一般光伏组件能够承受正面 5400Pa 的雪荷载。清除光伏组件表面积雪时，请用刷子轻轻清除积雪。不能清除光伏组件表面上冻结的冰。

3) 定期清理逆变器箱体上的灰尘，清理时最好使用吸尘器或者柔软刷子；必要时，清除通气孔内的污垢，防止灰尘引起热量过高，导致性能损伤。

4) 检查逆变器和电缆的表面有没有损伤，如有损伤应及时修复逆变器线缆的连接。

2.3.5 系统常见故障检修

在正常情况下，逆变器无须维护。若出现问题，操作面板上的红色显示屏灯会点亮，显示屏上会显示相关信息，如表 2-5 所示。

表 2-5 系统（逆变器）常见故障检修

面板显示	故障排除
绝缘故障	1. 断开直流开关，取下 DC 连接器，测量 DC 连接器正、负极与大地之间的阻抗。 2. 阻抗若低于 $100k\Omega$，应检查光伏组件串接线对大地的绝缘情况。 3. 取下 AC 连接器，测量 N 线对地线的阻抗。如高于 10Ω，应检查 AC 线
残余电流故障	1. 断开直流开关，排查光伏组件串对大地的绝缘情况。 2. 排查完成后闭合直流开关。如仍有问题，可与生产商联系
电网电压故障	1. 断开直流开关，取下 AC 连接器，测量连接器中火线与零线间的电压，确认其与逆变器并网规格是否相符。 2. 如果不符，应检查电网配线。 3. 如果相符，接上 AC 连接器，闭合直流开关，逆变器将会自动恢复并网。如仍有问题，可与生产商联系
电网频率故障	如果电网频率恢复正常，逆变器将会自动恢复并网。如仍有问题，可与生产商联系
无市电	1. 断开直流开关，取下 AC 连接器，测量连接器中火线与零线间的电压，确认其与逆变器并网规格是否相符。 2. 如果不符，检查配电开关是否合上，供电是否正常。 3. 如果相符，接回 AC 连接器，闭合直流开关。如仍有问题，可与生产商联系
无显示（指示灯和显示屏都不亮）	1. 断开直流开关，取下 DC 连接器，测量光伏组件串电压。 2. 插好 DC 连接器，再闭合直流开关。 3. 若电压低于 120V，应检查光伏组件串配置情况。 4. 若电压高于 120V 仍无显示，可与生产商联系

习　题

现有客户需设计一套家用分布式光伏发电系统（地点：徐州某地），安装位置位于屋顶，斜面角为 30°，面积约为 50m²，平均日照时数为 4h，系统容量为 5kW，自发自用，余电上网（230V）。

1）完成系统的设计与选型（光伏组件、光伏逆变器、双向计量电能表等选型），要有具体设计或计算过程，要有具体设计或计算过程及选型依据，并通过网络查询相关型号、技术参数。

2）完成系统施工、测试、运行、维护方案。

项目3 某校园1.5MW光伏发电系统设计、施工与运维

任务要求

项目选址为徐州工业职业技术学院的教学楼等其他公用建筑，有效利用面积为37000m²，周边不存在遮挡物，学校整体平面图如图3-1所示。低压侧400V并网，自发自用，余电上网。①完成1.5MW光伏发电系统设计与选型（如光伏组件数量，逆变器、汇流箱、变压器、配电柜等选型），要有具体设计或计算过程及选型依据，并通过网络查询相关型号、性能参数。②完成施工、运行、维护方案。

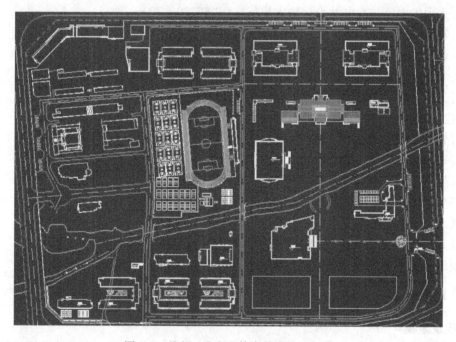

图3-1　徐州工业职业技术学院总平面图

任务3.1　1.5MW光伏发电系统设计

3.1.1　项目设计依据

本项目主要根据下列文件和资料进行设计及编制。
- 《并网光伏系统》IEC 61727（2004）；
- 《光伏系统过电压保护》IEC 61173；

- 《光伏系统名词术语》IEC 61835（2007）；
- 《聚光光伏组件及组合件的设计鉴定和定型》IEC 62108（2007）；
- 《光伏系统在建筑安装上的特殊要求》IEC 60364－7－712（2002）；
- 《光伏并网逆变器防孤岛测试方法》IEC 62116（2005）；
- 《光伏系统并网技术要求》GB/T 19939—2005；
- 《光伏电站接入电力系统技术规定》GB/Z 19964—2005；
- 《光伏（PV）系统电网接口特性》GB/T 20046—2006；
- 《太阳能光伏与建筑一体化应用技术规范》DGJ32/J 87—2009；
- 《污水综合排放标准》GB 8978—96 二级标准；
- 《环境空气质量标准》GB 3095—1996 二级标准；
- 《城市区域环境噪声标准》GB 3096—93 3 类标准；
- 《建筑施工场界噪声限值》GB 12523—90；
- 《建筑设计防火规范》GB 50016—2006；
- 《火力发电厂与变电站设计防火规范》GB 50229—2006；
- 《建筑抗震设计规范》GB 50011—2001；
- 《建筑物防雷设计规范》GB 50057—2000；
- 《工业企业设计卫生标准》GBZ 1—2002；
- 《工业企业总平面设计规范》GB 50187—1993；
- 《工业企业厂内铁路、道路运输安全规程》GB 4387—1994；
- 《建筑照明设计标准》GB 50034—2004；
- 《采暖通风与空气调节设计规范》GB 50019—2003；
- 《生产过程安全卫生要求总则》GB 12801—1991；
- 《生产设备安全卫生设计总则》GB 5083—1999；
- 《火力发电厂劳动安全和工业卫生设计规程》DL 5053—1996；
- 《光伏（PV）发电系统过电压保护－导则》SJ/T 11127。

本系统包括的产品设计依据其企业标准。

3.1.2 项目概况

1. 建筑规模

本项目选址位于徐州市鼓楼区的徐州工业职业技术学院教学楼、实验楼及其他公用建筑屋面布置太阳能组件，实现光伏建筑一体化设计，如图3-2和图3-3所示。整个校区内使用屋顶面积为37000m²，除去有遮挡和其他构筑物的面积，可以以最佳倾角30°固定安装方式安装1.5MWp的光伏组件。可用于建设太阳能光伏发电建设的建筑屋顶周围，目前暂无明显的高大障碍物对建筑屋顶的光照有大面积遮挡。所选择利用其屋顶建设光伏发电项目的建筑朝向为正南，是太阳能开发利用资源的理想条件。

2. 光伏系统的基本情况

1）供电类型：低压侧并网发电。

2）项目规模：发电规模约为1.5MWp，光伏电池板总面积约为10188m²。

图 3-2　组件安装地点

图 3-3　组件分布效果图

3）电池板类型：晶体硅产品，组件全光照面积的光电转换效率为 15.1%。

4）电池板结构形式：带边框平板玻璃封装的标准组件。

3.1.3　光伏组件布置

1. 安装方式

光伏发电项目的电池板安装方式可选范围是，沿屋面倾斜方向架设，以最佳倾角倾斜架设，太阳光追踪。对以上 3 种安装方式的优缺点比较如表 3-1 所示。

表 3-1 3种安装方式的优缺点比较

安装方式	优 点	缺 点
沿屋面倾斜方向架设	同样屋面面积，可实现装机容量最大，安装成本最低	太阳光入射角度并非最佳，发电效率较低
以最佳倾角倾斜架设	倾角是优化计算的结果，阳光资源利用率较高，发电效率较高，安装成本较低，适合屋面光伏发电系统	前后组件之间存在阴影影响，阴影面积不能利用，屋面面积利用率较低
太阳光追踪	全天保持阳光垂直入射，阳光资源利用率最高，发电效率最高，同样装机容量，可实现发电量最多，适合荒漠光伏电站	组件之间存在阴影影响，屋面面积利用率最低；支架及其控制系统复杂，成本高，故障率大；系统成本最高

为保证项目建设的示范效果及考虑整个光伏发电系统的经济性、可行性，经过对建筑物屋顶安装太阳能光伏电池组件宏观、微观条件分析，本项目采用第二种安装方式，即以最佳倾角倾斜架设。通过 RETsceens 软件的计算分析，确定太阳能电池方阵支架倾角为 30°，是最佳发电量倾角。

2. 方位角

对于北半球而言，光伏阵列固定式安装朝向正南（即方阵垂直面与正南的夹角为 0°）时，光伏阵列在一年中获得的发电量是最大的。而且本项目建设光伏电站的位置周围没有高楼等高大的障碍物对学校屋顶的光照形成大面积遮挡，所以本项目方阵水平方位角选择为正南方向。

3. 太阳能方阵阵列的间距

为保证组件全年受光均匀，尽量减少冬季对组件受光的影响，参见项目 1 中图 1-15，光伏方阵阵列间距应不小于 d，即

$$d = \frac{0.707H}{\tan[\arcsin(0.648\cos\phi - 0.399\sin\phi)]} \tag{3-1}$$

式中，ϕ 为纬度（北半球为正、南半球为负），H 为前排组件最高点与后排组件最低点的差距（即后排组件的底边至前排遮盖物上边的垂直高度）。

此项目采用 1636×992 型标准组件，单排竖装，子阵列的示意图如图 3-4 所示。当支架倾角为 30°时，经计算，太阳能电池方阵阵列的间距为 1.8m，每一列支架在东西方向处于同一条直线。为了方便检修和巡查，本项目在东西方向上每个方阵之间的行间距定为 1m。

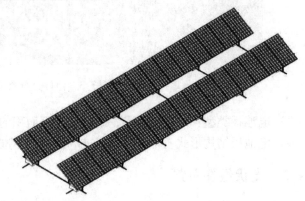

图 3-4 子阵列的示意图

4. 建筑结构承载

徐州工业职业技术学院的教学楼、实验楼及其他公用建筑的屋面均为钢筋混凝土现浇屋面，按上人屋面设计。根据《建筑结构荷载设计规范》荷载取值为

2.0kN/m^2，满足组件架设及临时施工条件。太阳能电池组件及支架根据不同厂家的资料新增荷载为 20～30kg/m^2，满足使用要求。太阳能光伏电池组件采用 Q235 热镀锌角钢和铝型材做支架固定在屋面梁板结构上，组件采用倾斜角为 30° 固定式安装，设计使用年限为 25 年，光伏组件与屋面之间留有 0.3m 左右间隙，以保证屋面排水通畅。在进行钢结构支架施工时，将屋面保温层、防水层局部临时破开，待施工结束后再将保温层、防水层按相应的屋面工程设计、施工规范进行恢复。钢结构支架与屋面结构梁板采用螺栓固定连接，便于安装和拆卸。局部斜拉到女儿墙上进行再加固。所有支架与屋面结构梁板固定的点均采用植筋固定，并立模浇筑 300×300×300 的 C30 钢筋混凝土柱墩，以增加支架的稳定性。

3.1.4 建筑围栏结构体系

本项目选择的建筑主体包括徐州工业职业技术学院的教学楼、实验楼及其他公用建筑的屋面这些建筑均为钢筋混凝土框架结构，建设年限为 6～10 年，按照 7°地震烈度设防，建筑高度为 16.5～34m。现浇屋面，刚性防水保温层，设计荷载为 2.0kN/m^2，可上人，散水坡度为 0.5%～1%。屋顶女儿墙高度为 1.1～1.2m，并设有防雷装置。各建筑物的外墙均为空心砖（空心砌块）砌筑，铝合金窗，无遮阳。在此类建筑围护结构上进行 BIPV 光电一体化改造，仅用屋面架设方式能够最大程度地利用有效受光面积，最小程度地减少对原有建筑结构的影响和破坏，同时也最为经济地实现 BIPV 建筑一体化。在光电系统的设计和施工中，应注意对原有建筑防水保温层的保护和恢复以及对屋面原有组织排水的影响和解决措施，光伏组件的架设高度原则上不超过建筑物防雷装置高度的设计要求。

3.1.5 并网方案设计

1. 光伏系统接入电压等级

光伏发电系统输电线路电压等级按照电站规模一般为 0.4kV、10kV、35kV、110kV，具体要求如下。

低压配电网：0.4kV，即发即用、多余的电能送入电网。

中压电网：10kV、35kV，通过升压装置将电能馈入电网。

高压电网：110kV，通过升压装置将电能馈入电网，远距离传输。

2. 光伏发电系统接入电网方式

分布式光伏发电系统接入电网方式主要有以下几种。

（1）可逆流低压并网系统

可逆流低压并网系统如图 3-5 所示，并网系统接入三相 400V 或单相 230V 低压配电网，通过交流配电线给当地负荷供电，剩余的电量送入公共电网。一般系统容量不超过配电变压器容量的 30%，并需要对原有的计量系统改为双向电度表，以便发、用都能计量。

（2）不可逆流低压并网系统

不可逆流低压并网系统如图 3-6 所示。不可逆并网系统中安装逆功率检测装置，与逆变器进行通信，当检测到逆流时，逆变器自动控制发电容量，实现最大利用并网发电且不出现逆流。

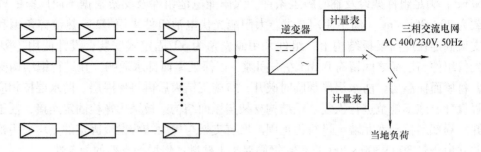

图 3-5　可逆流低压并网系统

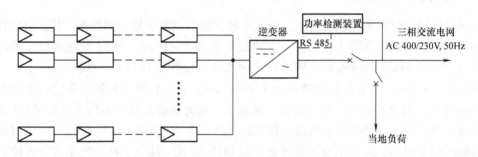

图 3-6　不可逆流低压并网系统

（3）10kV 高压并网光伏发电系统

10kV 高压并网光伏发电系统如图 3-7 所示，将逆变器输出的低压电通过三相升压变压器升为 10kV 电压，并入 10kV 电网。

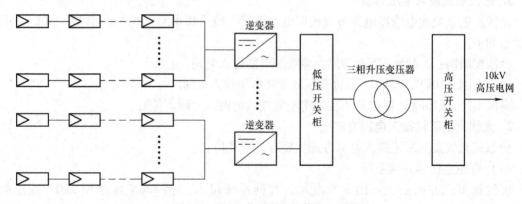

图 3-7　10kV 高压并网光伏发电系统

（4）35kV 高压并网光伏发电系统

35kV 高压并网光伏发电系统如图 3-8 所示，系统先把低压升压为 10kV，再通过 10/35kV 升压变压器进行二次升压，并入 35kV 高压电网。

3. 接入电压等级参考

接入电压等级参考如表 3-2 所示。

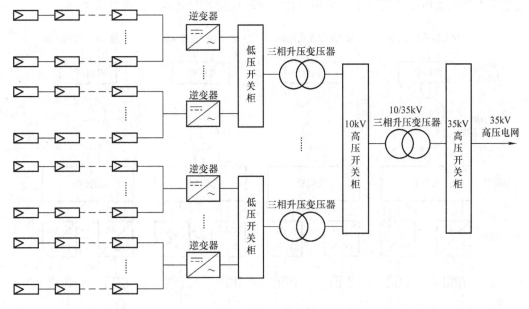

图 3-8　35kV 高压并网光伏发电系统

表 3-2　接入电压等级参考

装机容量 G	电压等级
$G < 200\text{kW}$	0.4kV
$200\text{kW} \leqslant G < 400\text{kW}$	0.4kV 或 10kV
$400\text{kW} \leqslant G < 3\text{MW}$	10kV
$3\text{MW} \leqslant G < 10\text{MW}$	10kV 或 35kV
$G \geqslant 10\text{MW}$	35kV 或 110kV

电网接入主要设备参考表 3-3。

表 3-3　电网接入主要设备

电压等级	接入设备
0.4kV	低压配电柜
10kV	低压开关柜：提供并网接口，具有分断功能
	双绕组升压变压器：0.4kV/10kV
	双分裂升压变压器：0.27/0.27/10kV（TL 逆变器）
	高压开关柜：计量、开关、保护及监控
35kV	双绕组升压变压器：0.4kV /10kV，10kV /35kV（二次升压）
	双分裂升压变压器：0.27/0.27/10kV，10kV /35kV（TL 逆变器）
	高压开关柜：计量、开关、保护及监控

4. 1.5MW 光伏发电系统并网方案

本项目采用低压用户侧并网，将光伏发电系统所发的电量就近消耗。1.5MW 光伏发电系统具体并网方案设计如图 3-9 和图 3-10 所示。将光伏阵列输出的直流电接到逆变器，从而把电流电转换为所需的交流电，采用三相四线输送到的配电柜，最终并入电网。

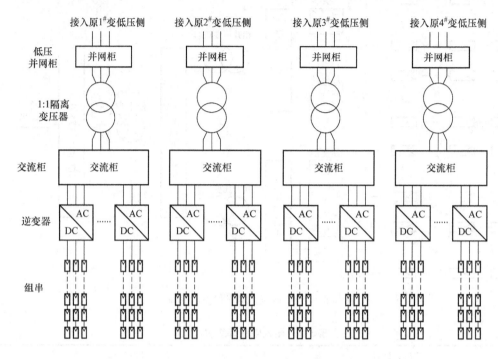

图 3-9　1.5MW 光伏发电系统并网方案

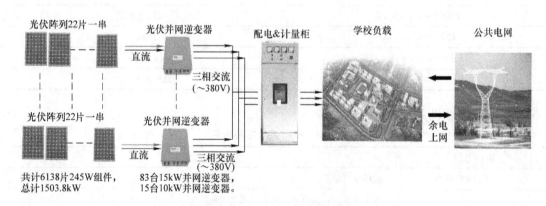

图 3-10　系统并网效果图

3.1.6　并网系统其他方面设计

1. 光伏发电工程电气主接线

光伏发电系统由光伏组件、配电箱、并网逆变器、计量装置及上网配电系统组成。太阳能通过光伏组件转化为直流电，通过直流监测配电箱汇集至并网型逆变器，将直流电能转化为与电网同频率、同相位的正弦波电流。

根据电池板分布情况以及各区域电池板出力情况，整个系统相对独立，分别由光伏组件、配电箱、并网逆变器等组成。各子系统逆变成三相交流电 400V，接至学校的配电系统。

2. 监控、保护等其他方面设计

（1）监控系统

在电气综合楼安置计算机监控系统一套，全面监控系统的运行情况，并将所有重要信息传送至监控前台。监控系统采集三相电流、电压、功率、开关状态及发电量等信息。

监控系统通过群控器实现多路逆变器的并列运行。群控器控制多台逆变器的投入与退出，具备同步并网能力，具有均分逆变器负载功能，可降低逆变器低负载时的损耗，并延长逆变器的使用寿命。监控系统通过群控器采集各台逆变器的运行情况。

（2）继电保护及安全自动装置

汇流箱里的每组电池串配熔断器作为整个电池串的保护，设直流空气开关用来保护汇流箱至直流配电柜之间的电缆。逆变器设过电流、过载、过电压、欠电压、短路、孤岛效应、电网异常、接地等保护，装置异常时自动脱离系统。低压进线开关具备过电流脱扣功能。干式升压变设置高温报警和超温跳闸保护。

（3）计量

可根据用户系统实际电网情况具体配置计量装置，旨在计量光伏发电系统的并网电量。

（4）同期

本工程选用的并网型逆变器根据电网侧频率、相位自动捕同期。

（5）照明

站内控制室采用荧光灯照明。

（6）防雷和接地

1）防雷。本工程电气配电装置采用全户内布置。为使光伏电池组件在受到直击雷和感应雷的雷击时能有可靠的保护，把光伏电池组件支架进行有效连接至建筑原有的防雷系统装置上。

2）接地。学校建筑已经设置防雷接地装置。为保证人身安全，需把整个光伏系统与原建筑防雷系统进行有效连接；对所有电气设备都装设接地装置，并将电气设备外壳接地。接地电阻值小于1Ω。

3. 接入系统

（1）接入系统方案

本工程在徐州工业职业技术学院九里校区屋顶安装太阳能光伏发电系统，总装机容量为1.5MWp。

根据光伏发电系统装机容量和学校电网实际情况，接入系统方案如下：该工程通过380V线路就近并入校区380V用户侧，应在公共区域安装开关，并设置明显断开点，以利于检修和事故处理安全。

（2）方案分析

本工程中太阳能光伏发电站的总装机容量在系统中所占比例较小，但鉴于太阳能光伏发电系统的一些特点，发电装置接入电网时对系统电网会有一定不利影响。太阳能光伏发电站并网时在电压偏差、频率、谐波和功率因数方面应满足实用要求，并符合标准。

本工程光伏发电站总装机容量占上级变电站主变容量比例较小，经计算和实际运行，光伏发电站并网时对系统侧电压波动影响较小，在标准允许范围以内。太阳能光伏发电站运行时，选用逆变器装置产生的谐波电压的总谐波畸变率被控制在5%以内，达到《电能质量公用电网谐波》GB 14549—1993 规定。本工程选配的逆变器装置输出功率因数能达到 0.99，可以直接升压至 400V 电压等级接入系统。光伏发电站并网运行（仅对三相输出）时，电网公共连接点的三相电压不平衡度不超过《电能质量三相电压允许不平衡度》GB 15543—1995 规定的数值，接于公共连接点的每个用户，电压不平衡度允许值一般为 1.3%。

（3）系统保护

太阳能光伏发电容量很小，接入系统电压等级较低，且不提供短路电流，仅在系统侧配置相应的保护设备快速切除故障即可，光伏发电站侧可不配置线路保护。

3.1.7 主要产品、部件及性能参数

1.5MW 光伏发电系统基础信息如表 3-4 所示。

表 3-4　1.5MW 光伏发电系统基础信息表

区域	并网点	并网点建筑编号	单片组件功率/W	组件连接方式（22 片一串，3 或 2 串一组）	组串数（串）	逆变器台数(台)（15kW/10kW）	并网功率/kW
一	1#配电室	B02/03，B04/05，B06	245	3 串：16.17kW（接 15kW 光伏逆变器） 2 串：10.78kW（接 10kW 光伏逆变器）	24＋18＋20＝62	20/1	334.2
二	2#配电室	C10、C11/C12，C05/C06	245	3 串：16.17kW（接 15kW 光伏逆变器） 2 串：10.78kW（接 10kW 光伏逆变器）	12＋26＋19＝57	15/6	307.2
三	3#配电室	B07/B08，B16/B17，E11	245	3 串：16.17kW（接 15kW 光伏逆变器） 2 串：10.78kW（接 10kW 光伏逆变器）	42＋45＋8＝95	29/4	512.1
四	4#配电室	A01，B10，C07/C08，C09	245	3 串：16.17kW（接 15kW 光伏逆变器） 2 串：10.78kW（接 10kW 光伏逆变器）	13＋15＋18＋19＝65	19/4	350.4
合计		20 栋	—	—	279	83/15	1503.8

1. 太阳能光伏组件

太阳能光伏组件采用江苏艾德太阳能科技有限公司的产品，其组件技术参数如表 3-5 所示。

表 3-5　太阳能光伏组件技术参数表

晶体硅组件			
编 号	名 称	单 位	参 数
1	峰值功率	Wp	245
2	短路电流（I_{sc}）	A	8.6
3	开路电压（U_{oc}）	V	37.67

编 号	名 称	单 位	参 数
4	工作电压（U_{mp}）	V	30.59
5	工作电流（I_{mp}）	A	8.01
6	组件效率	%	15.1
7	额定工作温度	℃	25
8	峰值功率温度系数	%/℃	-0.42
9	开路电压温度系数	%/℃	-0.3
10	短路电流温度系数	%/℃	0.06
11	外形尺寸	mm	1636×992×50
12	25年功率衰减		≤15%
13	绝缘强度		DC 3500V，1min，漏电电流≤50
14	冲击强度		227g钢球1m自由落体，表面无损
15	抗风力或表面压力		2400Pa，130km/h

晶体硅组件

注：组件功率范围上下浮动5%。

2. 逆变器

逆变器采用江苏固德威电源科技股份有限公司生产GW10K-DT/GW15K-DT双路光伏逆变器，其主电路框图如图3-11所示。

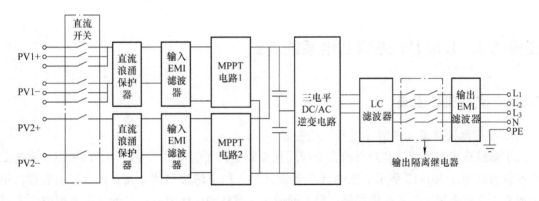

图3-11　GW10K-DT、GW15K-DT双路光伏逆变器主电路框图

其主要技术参数表如表3-6所示。

3. 隔离变压器

选用徐州华辰变压器公司生产1:1干式变压器，3#接入点容量为800kV·A，1#、2#、4#接入点容量为500kV·A。

表3-6 逆变器的主要技术参数表

项目	名 称	参 数 （GW10K - DT/GW15K - DT）	项目	名 称	参 数 （GW10K - DT/GW15K - DT）
直流 输入	最大直流功率/kW	10.2/15.4	直流 输入	最大直流电压/V	1000
	MPPT 电压范围/V	260~850		启动电压/V	250
	最大直流电流/A	22/11，22/22		直流过载电流/A	33
	输入路数	4/6		MPPT 路数	2/2（可并联）
交流 输出	额定交流功率/kW	10/15	交流 输出	最大交流功率/kW	10/15
	最大交流电流/A	17/25		交流过载保护/A	42/54
	额定输出	50/60Hz，400V AC		输出范围	45~55Hz/55~65Hz，AC 310~480V
	电流总谐波失真	<1.5%		功率因数	0.9（超前）~0.9（滞后）
效率	最大效率	98%/98.2%	效率	MPPT 效率	>99.5%
	欧洲效率	>97.5%			
保护	残余电流保护	集成	保护	孤岛保护	集成
	直流开关	集成（可选）		输出过流保护	集成
	绝缘电阻侦测	集成			
其他	尺寸 （深×宽×高）/mm	516×650×203	其他	重量/kg	39
	安装方式	壁挂式		使用环境温度	-25~60℃
	拓扑结构	无变压器		通信方式	USB2.0；RS485 或 Wi-Fi
	电磁兼容性	NT32004，GB4824			

任务 3.2　1.5MW 光伏发电系统施工

3.2.1　光伏组件安装

1. 平面屋顶自重式支架（组件）的安装

平面屋顶安装系统适合户外或在平面屋顶荷载量较大的情况下使用。平面屋顶自重式支架安装的结构如图 3-12 所示。图中 A 为负重部件，用于增加整体重量；B 为三角底梁，用于形成主支撑框架；C 为三角背梁，用于形成主支撑框架；D 为三角斜梁，用于形成主支撑框架；E 为后斜撑，用于支撑横梁；F 为横梁，用于固定支撑光伏组件；G 为拉杆，用于将横梁连接为整体；H 为压块，用于固定光伏组件。

安装步骤如下。

1）放置水泥负重块。首先预制好水泥负重块，其示意图如图 3-13 所示。在平面屋顶上铺放水泥负重块，间距大小按安装布图样布置。按图样要求放置好的水泥负重块示意图如图 3-14所示。

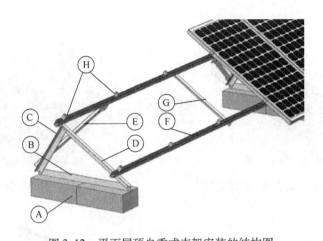

图 3-12 平面屋顶自重式支架安装的结构图

A—负重部件 B—三角底梁 C—三角背梁 D—三角斜梁 E—后斜撑 F—横梁 G—拉杆 H—压块

图 3-13 水泥负重块示意图

图 3-14 按图样要求放置好的水泥负重块示意图

2）安装三角梁。在水泥负重块上安三角底梁，使用 M10 × 40 六角头螺栓将三角背梁、三角斜梁相互连接与三角底梁固定。安装三角梁示意图如图 3-15 所示，并依次将所有的支撑柱都安装好。

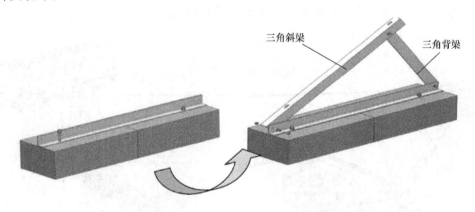

图 3-15 安装三角梁示意图

3）安装横梁。使用 M10 × 40 外六角螺栓组合固定，并在横梁内加止动垫片。安装横梁示意图如图 3-16 所示。依次在三角支架上装好横梁，安装好的横梁示意图如图 3-17 所示。依次在三角架上安装好的横梁示意图如图 3-18 所示。

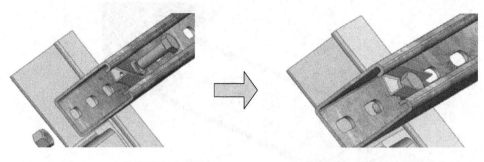

图 3-16　安装横梁的示意图　　　　　图 3-17　安装好的横梁示意图

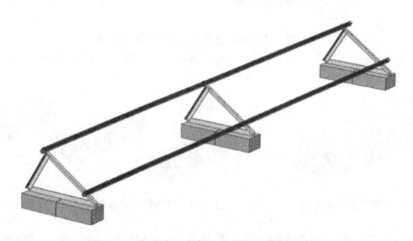

图 3-18　依次在三角架上安装好的横梁示意图

4）安装后斜撑。后斜撑用后斜撑支撑件与横梁相连，使用 M10×40 螺栓固定，与横梁连接时加止动垫片。斜撑支撑件的安装示意图如图 3-19 所示。

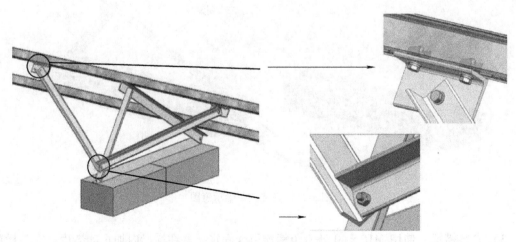

图 3-19　斜撑支撑件的安装示意图

5）安装拉杆。在每跨居中位置用拉杆将两横梁连接，用 M10×40 螺栓、止动垫片固定，安装拉杆的示意图如图 3-20 所示。当跨距小于 3000mm 时，可不安装拉杆与后斜撑。

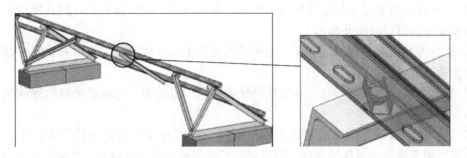

图 3-20 安装拉杆的示意图

6）安装光伏组件，其示意图如图 3-21 所示。将长条螺母插入横梁中，移动到适当位置，配合单侧压块将组件固定，如图 3-21a、b 所示。依次将其余光伏组件固定好，如图 3-21c 所示。

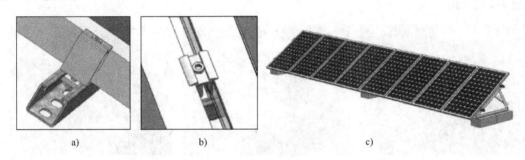

图 3-21 安装光伏组件的示意图
a）单侧压块的安装 b）双侧压块的安装 c）安装好的光伏组件

2. 彩钢板屋顶——卡扣式支架、组件的安装

薄钢板经冷压或冷轧成型的钢材构成钢板屋顶。钢板主要有有机涂层薄钢板（或称为彩色钢板）、镀锌薄钢板、防腐薄钢板（含石棉沥青层）或其他薄钢板等。彩钢瓦屋顶安装对于商用或民用的屋顶太阳能系统的设计和规划具有极大的灵活性。它应用于将常见的有框太阳能板（光伏组件）平行安装于斜屋顶上。彩钢板屋顶多用卡扣、暗扣、锁边等非穿透方式安装，在特殊情况下可采用穿透性安装。彩钢瓦屋面的主要类型如图 3-22 所示。

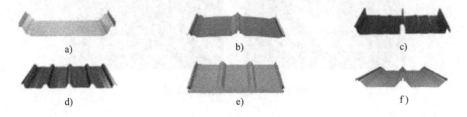

图 3-22 彩钢瓦屋面的主要类型
a）直立锁边型 b）咬口型（角驰式）型 c）卡扣型（暗扣式）型
d）固定件连接（明钉式）型 e）950 型复合岩棉 f）760 型彩钢板

（1）安装注意事项

1）首先在屋面修设木板或竹板施工栈道，避免材料二次搬运直接踩踏在屋面板上而导致屋面板变形和密封胶脱开漏水。

2）明确原结构屋面檩条的位置，并弹墨线标识出具体位置；支架与彩钢板连接处必须在屋面檩条的位置上。

3）施工人员在屋面上行走，必须穿绝缘软底鞋，走波谷，每天必须清除屋面板上的杂物，防止锈蚀和划伤屋面板。

4）所有需要敷设密封膏的位置不得有遗漏。屋面外板安装完毕后，清除屋面全部杂物、铁屑，如发现屋面板涂层划伤，则需用彩板专用修补漆进行修补。拉铆钉及自攻螺钉如发生空钉，则应随时用铆钉和密封膏补牢，橡胶垫圈不能被损坏。

（2）安装步骤

1）安装钢板夹。按图样指定位置，将钢板夹的正面和背面卡在彩钢板上，并使用螺钉固定（尽量一次性固定所有钢板夹，如果不行，就一次固定两行，以方便安装光伏组件），如图 3-23 所示。

图 3-23　安装钢板夹的示意图

2）安装横梁。使用 T 形螺钉穿过横梁，并将横梁固定在钢板夹上，调整位置后用螺帽拧紧，如图 3-24 所示（尽量一次固定所有横梁，如果不行，则一次固定两行，以方便安装光伏组件）。

图 3-24　安装横梁的示意图

3）安装光伏组件。将光伏组件按照图样指示放置于横梁上（按顺序放置，通常将第一块位于侧边，第一块光伏组件放置完毕后，使用单侧压块固定）。将 T 形螺钉滑入横梁（最好预先滑入所有 T 形螺钉，以方便安装），使用单、双侧压块贴紧光伏组件，并用螺钉固定紧。安装光伏组件的示意图如图 3-25 所示。

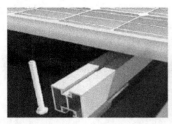  

图 3-25 安装光伏组件的示意图

重复 1）~3）步骤，直至安装完毕为止。安装后的光伏组件如图 3-26 所示。

图 3-26 安装后的光伏组件

3.2.2 光伏逆变器安装

下面以江苏固德威电源科技股份有限公司生产的 GW10K – DT、GW15K – DT 光伏逆变器（外观如图 3-27 所示）为例，说明此类逆变器的安装过程。

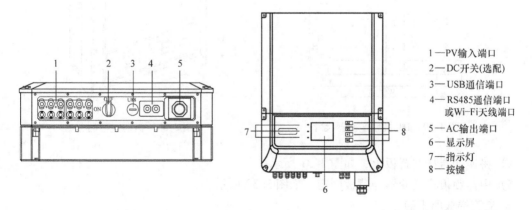

1—PV输入端口
2—DC开关(选配)
3—USB通信端口
4—RS485通信端口
　或Wi-Fi天线端口
5—AC输出端口
6—显示屏
7—指示灯
8—按键

图 3-27 GW10K（15K）DT 光伏逆变器外观

1. 安装位置的选择

安装逆变器必须考虑以下因素。

1）安装位置须适合逆变器重量和尺寸。

2）应在坚固表面安装。

3）安装位置通风良好。

4）竖直安装或向后倾斜不超过15°。

5）为保证散热良好，拆卸方便，逆变器周围最小间隙参考图3-28，单位为mm。

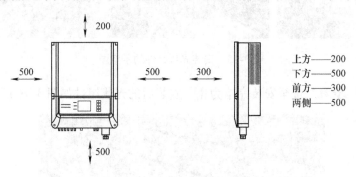

图3-28　逆变器安装周围最小间隙

2. 安装逆变器

1）以背板为模板定位，在墙壁上钻6个孔，直径10mm，深80mm。DT机型尺寸如图3-29所示。

2）用膨胀螺钉把背板固定在墙上。

3）用逆变器的凹槽为把手搬运逆变器，如图3-30所示。

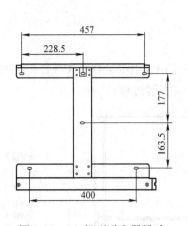

图3-29　DT机型逆变器尺寸

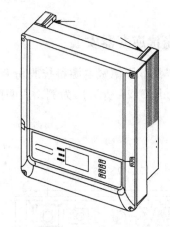

图3-30　搬运逆变器

4）将逆变器挂在背板上，如图3-31所示。

5）用挂锁板将逆变器与背板固定，如图3-32所示。

3. 交流端线路安装

1）测量并网接入点的电压和频率，确定符合逆变器并网规格。

2）逆变器的PE线（地线）必须可靠接地，确保零线与地线之间的阻抗小于10Ω。

3）断开逆变器与并网接入点的断路器。

AC连接器有VACONN和防水接线盒两种系列，如图3-33所示。

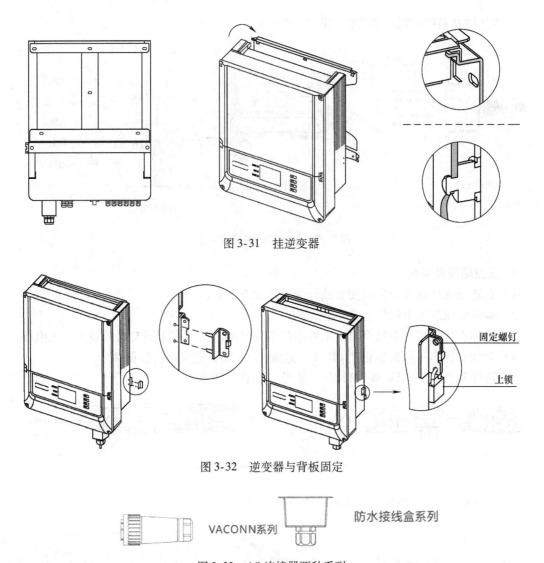

图 3-31　挂逆变器

图 3-32　逆变器与背板固定

固定螺钉

上锁

VACONN系列

防水接线盒系列

图 3-33　AC 连接器两种系列

VACCONN 系列接线盒安装方法如图 3-34 所示。

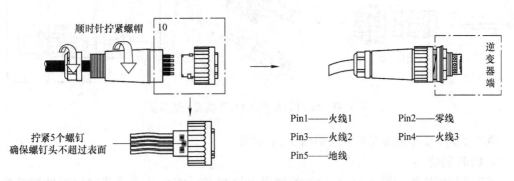

顺时针拧紧螺帽

10

拧紧5个螺钉
确保螺钉头不超过表面

逆变器端

Pin1——火线1　　　Pin2——零线
Pin3——火线2　　　Pin4——火线3
Pin5——地线

图 3-34　VACCONN 系列安装方法

防水接线盒系统系列安装方法如图 3-35 所示。

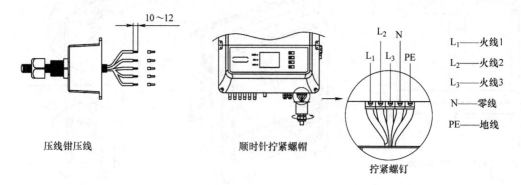

图 3-35　防水接线盒安装方法

4. 直流端线路安装

1）在连接光伏组件串之前使直流开关处于关断状态。

2）确保光伏组件串极性与 DC 连接器匹配。

3）确保在任何情况下每个光伏组件串的最大开路电压不高于逆变器的最大输入电压。

4）光伏组件串正负极禁止接 PE 线（地线），否则会造成逆变器损坏。

DC 连接器有 SUNCLIX 系列和 MC4 系列，如图 3-36 所示。

图 3-36　DC 连接器的两种系列

SUNCLIX 系列 DC 连接器安装方法如图 3-37 所示。

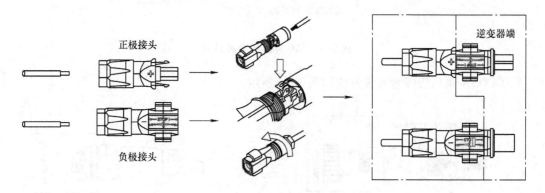

图 3-37　SUNCLIX 系列 DC 连接器安装方法

MC4 系列 DC 连接器安装方法如图 3-38 所示。

5. USB 通信

USB 数据线连接如图 3-39 所示。若使用 USB 监控，需要从固德威官网下载监控软件 EzExplorer。

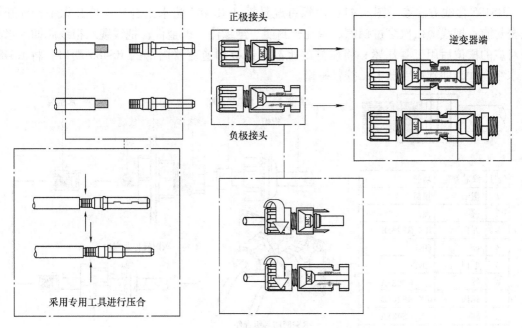

图 3-38　MC4 系列 DC 连接器安装方法

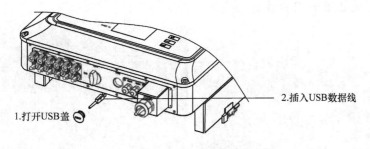

图 3-39　USB 数据线连接

6. RS485 通信

RS485 接线方式如图 3-40 所示。逆变器的 RS485 接口用于连接 EzExplorer，连接线缆总长度不超过 800m。

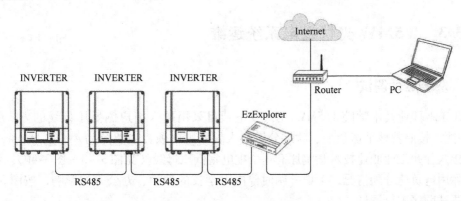

图 3-40　RS485 接线方式

RS485 接线方法参考图 3-41：用螺钉旋具拆卸 RS485 防水组合件；拧开螺帽；拆开单孔密封圈；把线缆依次穿过螺帽、单孔密封圈、绝缘体、钣金件；把线缆八根线芯插入水晶头对应的槽位后用工具压紧；将压好的水晶头连接到逆变器内部的 RS485 端口；将 RS485 防水组合件装回到逆变器上；拧紧螺帽。

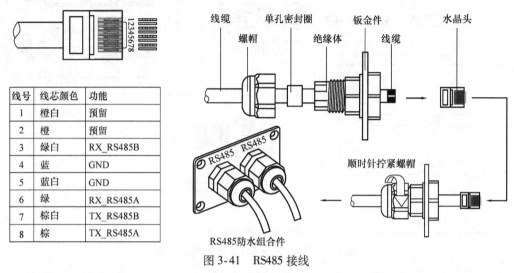

线号	线芯颜色	功能
1	橙白	预留
2	橙	预留
3	绿白	RX_RS485B
4	蓝	GND
5	蓝白	GND
6	绿	RX_RS485A
7	棕白	TX_RS485B
8	棕	TX_RS485A

图 3-41　RS485 接线

安装好的系统如图 3-42 所示。

图 3-42　徐州工业职业技术学院 1.5MW 光电建筑一体化项目

任务 3.3　1.5MW 光伏发电系统运维

3.3.1　系统运行调试

徐州工业职业技术学院 1.5MW 光伏发电项目采用接入用户侧低压母线的方式并网即 380V 并网，按照就地平衡消纳、就近分散接入的原则本项目主要分为 4 个区域，4 个并网点分别接入徐州工业职业技术学院原有 4 个配电室低压母线（见图 3-43 ~ 图 3-46）。结合学校的实际用电负荷分配情况，考虑并网时停电对学校的教学、办公等的影响，按图 3-47 所示并网调试顺序进行调试。

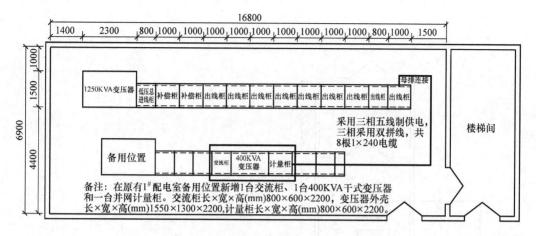

图 3-43　1#配电室平面布置图及并网点

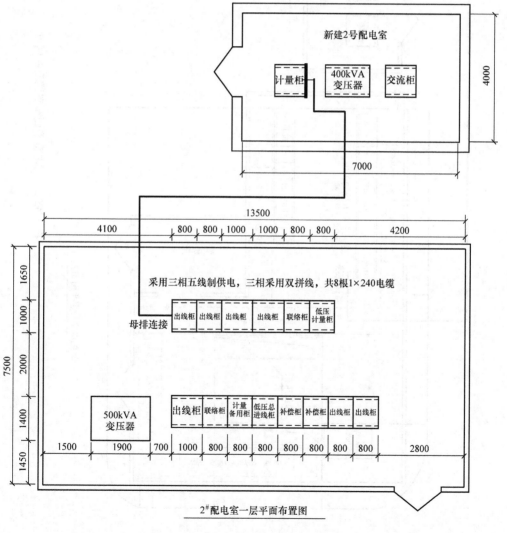

2#配电室一层平面布置图

图 3-44　2#配电室平面布置图及并网点

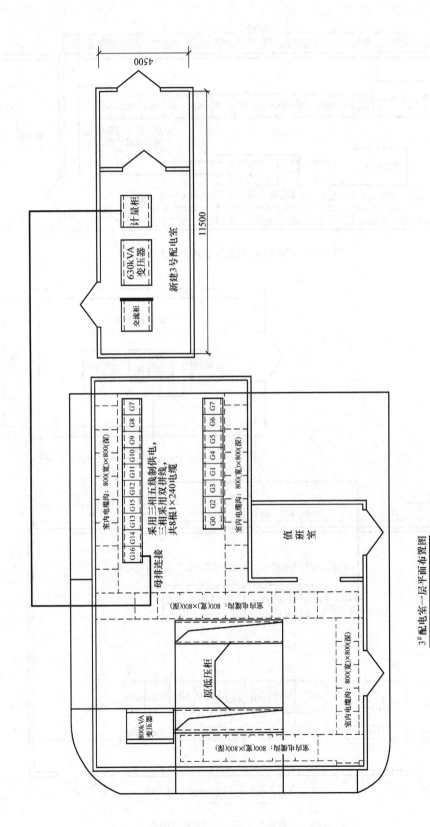

3# 配电室一层平面布置图

图 3-45 3#配电室平面布置图及并网点

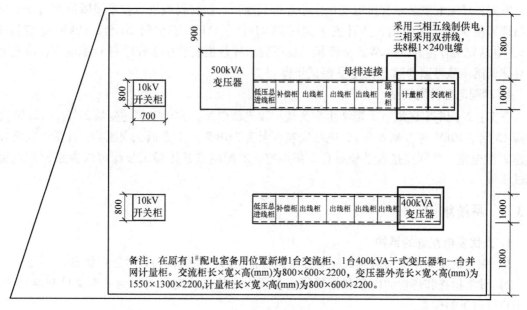

图 3-46 4#配电室平面布置图及并网点

图 3-47 并网调试顺序

1. 3#配电室并网调试

方案：3#配电室区域有机电学院楼屋顶、化工学院楼屋顶和水房南侧地面电站 3 个光伏电站，共计安装逆变器 33 台（15kW 逆变器 29 台，10kW 逆变器 4 台），电站安装容量为 510kW。交流柜、变压器及计量柜安装在新建 3#配电室，并网接入点为校方 3#配电室（水房西侧）400V 配变箱 II 线，3#配电室具体调试步骤如图3-48所示。

2. 4#配电室并网调试

方案：4#配电室区域有两幢学生宿舍楼屋顶、图书馆屋顶及行政办公楼屋顶 4 个光伏电站，共计安装逆变器 23 台（15kW 逆变器 19 台，10kW 逆变器 4 台），电站安装容量为 350kW。交流柜、变压器、计量柜安装在学校原有 4#配电室（图书馆楼下），4#配电室具体调试步骤可以参照 3#配电室调试步骤。

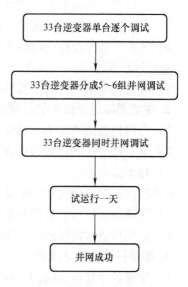

图 3-48 3#配电室调试步骤

127

3. 1#配电室并网调试

方案：1#配电室区域有机电实训中心彩钢瓦屋顶、新材料与信息技术楼屋顶及高分子与食品楼屋顶 3 个光伏电站，共计安装逆变器 21 台（15kW 逆变器 20 台，10kW 逆变器 1 台），电站安装容量为 330kW。交流柜、变压器、计量柜安装在学校原有 1#配电室，1#配电室具体调试步骤可以参照 3#配电室调试步骤。

4. 2#配电室并网调试

方案：2#配电室区域有 3 幢学生宿舍楼屋顶光伏电站，共计安装逆变器 21 台（15kW 逆变器 15 台，10kW 逆变器 6 台），电站安装容量为 310kW。交流柜、变压器、计量柜安装在新建 2#配电室，并网点接入学校原有 2#配电室，2#配电室具体调试步骤可以参照 3#配电室调试步骤。

3.3.2　系统维护

1. 光伏发电系统的维护

1）在光伏发电系统安装调试完毕并且运行正常后，系统转为日常运行状态。

2）日常检查和巡检的内容和指导说明必须在光伏系统交付时作为一个文件交给用户，或用户看得见的位置。

3）用户使用的指导说明应当简洁明了，用户自行检查的内容应限于设备外观表象（视觉、听觉、嗅觉、接触非带电体和潜在带电体的触觉）和显示仪表反映的内容，不应涉及带电体和潜在的带电体，也不应涉及设备内部的检查。

4）专业人员的巡检应包括外观检查和设备内部的检查，主要涉及活动和连接部分、导线（特别是大电流密度导线）、功率器件、容易锈蚀的地方等。

5）推荐采用红外照相的方法对光伏方阵、线路和电器设备进行检查，找出异常发热和故障点。

6）应每年对光伏系统对照系统图样完成一次接地电阻的检查。

7）每年完成一次对光伏系统绝缘电阻的检查。

8）专业人员的巡检应包括对系统运行期间的记录、分析和判断，及时发现问题，并做出专业的维护和指导。

9）应将所有记录（特别是专业巡检记录）存档妥善保管。

2. 逆变器等电子设备的日常维护

1）定期检查接线端子、保险是否松动。

2）观察各个控制点是否准确。

3）显示是否正常。

4）机内温度、声音和气味是否异常。

5）定期检查备品、备件和技术文件是否完好。

6）定期检查防雷接地。在雷雨季节的前后更为重要。

3. 输电线路的日常维护

1）定期检查输电线路的干线和支线，不得有掉线、搭线、垂线和搭墙等现象。

2）不得有私拉偷电现象。

3）定期检查进户线和用户电表。

4）定期抽查用户负载。

3.3.3 系统能效分析

1. 太阳能资源

徐州市位于中纬度地区，属暖温带湿润半湿润气候，气候资源较优越，四季分明，光照充足，雨量适中，雨热同期。年均太阳总辐射量可达 5000MJ/$(m^2 \cdot a)$，年均日照时数在 2300h 以上，属于资源较丰富区。

本工程采用光伏电池组件以 30°倾角安装，屋顶倾斜方向朝南。表 3-7 所示是对徐州水平面和最佳倾角 30°时的各月日太阳辐射量的数据比对，数据来源 RETScreen 软件的统计。

表 3-7　徐州水平面和最佳倾角为 30°时的各月日太阳能辐射量的数据比对表

月　　份	日太阳辐射量 – 水平 /$(kW \cdot h/m^2)$	月辐射量 /$(kW \cdot h/m^2)$	日太阳辐射量 – 30° /$(kW \cdot h/m^2)$	月辐射量 /$(kW \cdot h/m^2)$
1	2.93	90.83	4.29	132.99
2	3.57	99.96	4.6	138
3	4.22	130.82	4.76	147.56
4	5.07	152.1	5.19	155.7
5	5.45	168.95	5.2	161.2
6	5.44	163.2	5.04	151.2
7	4.91	152.21	4.62	143.22
8	4.63	143.53	4.58	141.98
9	4.19	125.7	4.51	135.3
10	3.42	106.02	4.11	127.41
11	2.93	87.9	4.08	122.4
12	2.63	81.53	3.97	123.07
年均	4.12	125.23	4.58	140.00

徐州水平面所接受的日照辐射总量呈中间高两边低的态势分布，即每年 4～9 月份是日照辐射总量最高的时段。通过图 3-49 所示可以看出，在 5～8 月，水平面的太阳辐射量略高

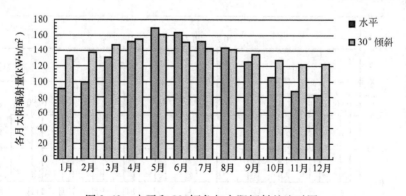

图 3-49　水平和 30°倾角与太阳辐射的比对图

于30°倾斜时的太阳辐射量，但水平时，平均每月的太阳能辐射量为125kW·h/m²，低于30°倾斜时的太阳辐射量140kW·h/m²，考虑到要使全年发电总量到达最大，故选择系统设计的组件倾斜角度为30°是正确的。

2. 并网光伏系统的效率分析

并网光伏系统的效率是指系统实际输送上网的交流发电量与组件标称容量在没有任何能量损失情况下理论上的发电量之比。标称容量1kWp的组件，在接收到1kW·h/m²太阳辐射能时的理论发电量应为1kW·h。

并网光伏发电系统的总效率由光伏阵列效率、逆变器效率、交流并网效率这3部分组成。

1）光伏阵列效率 η_1。光伏阵列在1000W/m²太阳辐射强度下，实际的直流输出功率与标称功率之比。光伏阵列在能量转换与传输过程中的损失包括组件匹配损失、表面尘埃遮挡损失、不可利用的太阳辐射损失、温度的影响、最大功率点跟踪（MPPT）精度以及直流线路损失等。综合各项以上各因素，一般取 $\eta_1 = 86\%$。

2）逆变器转换效率 η_2。逆变器输出的交流电功率与直流输入功率之比。对于大型并网逆变器可取 $\eta_2 = 95\% \sim 97\%$。

3）交流并网效率 η_3。即从逆变器输出至低压电网的传输效率。在一般情况下取 $\eta_3 = 99\%$。系统的总效率等于上述各部分效率的乘积，即

$$\eta = \eta_1 \eta_2 \eta_3 = 86\% \times 96\% \times 99\% = 81.73\%$$

实际上网电量还会受安装倾角、方位角、灰尘、局部阳光遮挡和安装损失等综合因素的影响，同时考虑光伏组件的光电转换效率和系统其他效率损失，目前大型并网光伏发电项目系统设计寿命期内平均发电效率通常按80%取值。

3. 系统年发电量预测

根据光伏电站场址周围的地形图，经对光伏电站周围环境、地面建筑物情况进行考察，建立本工程太阳能光伏发电上网电量的计算模型，并确定最终的上网电量。实际发电量应用RETScreen软件进行计算。

徐州工业职业技术学院1.5MWp光伏电站采用组件30°倾斜的方式被置于水泥屋顶，该地区30°倾斜面的年均太阳辐射量为1680kW·h/m²，系统总效率为80%。根据实测太阳辐射数据计算得出系统电站首年发电量为180.46万kW·h。光伏电站各月的月发电量预计如图3-50所示。

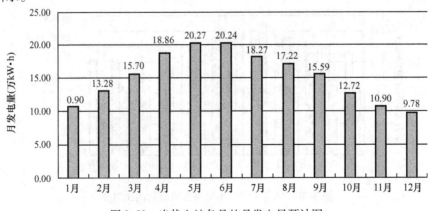

图3-50　光伏电站各月的月发电量预计图

光伏组件按 25 年效率衰减 15% 计算，末期年发电量约为 153.39 万 kW·h。系统 25 年运行期各年发电量预计如表 3-8 所示。系统年平均发电量为 166.92 万 kW·h，总发电量约为 4173.05 万 kW·h。

表 3-8　系统 25 年运行期各年发电量预计表

年　份	发电量/(万 kW·h)	年　份	发电量/(万 kW·h)
1	180.46	14	165.79
2	179.33	15	164.67
3	178.20	16	163.54
4	177.07	17	162.41
5	175.94	18	161.28
6	174.82	19	160.15
7	173.69	20	159.03
8	172.56	21	157.90
9	171.43	22	156.77
10	170.31	23	155.64
11	169.18	24	154.52
12	168.05	25	153.39
13	166.92		

4. 节能量计算

本工程采用可再生能源的太阳能，并在设计中采用先进可行的节电、节水及节约原材料的措施，对能源和资源合理利用。设计中严格贯彻节能、环保的指导思想，在技术方案、设备和材料的选择、建筑结构等方面，充分考虑了节能的要求。通过贯彻落实各项节能措施，本工程节能指标满足国家有关规定的要求。

本电站建成后预计每年发电量为 166.92 万 kW·h，与相同发电量的火电相比，相当于每年可节约标煤 534.15t（以平均标准煤耗为 320g/kW·h 计算），相应每年可减少多种污染物的排放，其中减排 SO_2 约 43.90t、CO_2 约 1469.91t、氮氧化物约 21.28t。该光伏电站的建设对于环境保护、减少大气污染物具有明显的作用，并有显著的节能、环境和社会效益，可达到充分利用可再生能源、节约不可再生化石资源的目的，同时可节约水资源，对于改善大气环境有积极的作用。

习　题

现有徐州某公司平面屋顶厂房 10000m²，彩钢瓦厂房 5000m²，四周无遮挡，请结合屋顶资源合理设计光伏发电系统容量，采用自发自用、余电上网（230V）的并网方式。

1）完成系统的设计与选型（光伏组件、光伏逆变器、光伏汇流箱、控制柜等选型），要有具体设计或计算过程及选型依据，并通过网络查询相关型号、技术参数。

2）完成系统施工、测试、运行、维护方案。

项目4 1MW集中式光伏发电系统设计、施工与运维

任务要求

利用徐州某河滩地建设集中光伏发电系统，系统容量为1MW，采用10kV交流并网。

① 完成1MW光伏发电系统设计与选型（如光伏组件数量、直流汇流箱、直流配电柜、逆变器、交流配电柜、升压变压器等选型），要有具体设计或计算过程及选型依据，并通过网络查询相关型号、性能参数。②完成系统施工、运行、维护方案。

任务4.1 1MW光伏发电系统设计

集中式光伏发电系统（光伏电站）的组成如图4-1所示，主要由光伏阵列、汇流箱、逆变器、交（直）流配电柜、升压系统等组成。光伏阵列将太阳能转换成直流电能，通过汇流箱进行一次汇流、直流配电柜进行二次汇流，再经并网逆变器将直流电转换成交流电，根据光伏发电站接入电网技术规定的光伏发电站容量，确定光伏发电站接入电网的电压等级，由变压器升压后，接入公共电网。

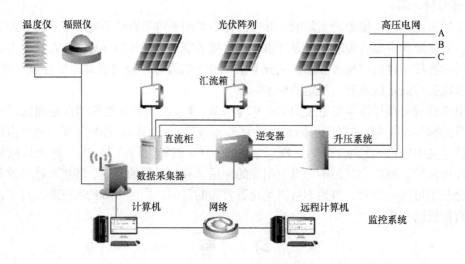

图4-1 集中式光伏发电系统的组成

4.1.1 电站选址

1. 光伏电站可用地类型

按照《中华人民共和国土地管理法》规定，我国土地依据用途可划分为农用地、建设用地和未利用地。其中，农用地指直接用于农业生产的土地，包括耕地、林地、草地、农田

水利用地、养殖水面等；建设用地指建造建筑物、构筑物的土地，包括城乡住宅和公共设施用地、工矿用地、交通水利设施用地、旅游用地、军事设施用地等；未利用地则指农用地和建设用地以外的土地。2015 年 9 月 18 日，国土资源部联合发改委等六部委出台了《关于支持新产业新业态发展促进大众创业万众创新用地的意见》（国土资规〔2015〕5 号），明确提出对于光伏、风力发电等项目使用戈壁、荒漠、荒草地等未利用土地的，对不占压土地、不改变地表形态的用地部分，可按原地类认定；不改变土地用途的，在年度土地变更调查时做出标注；用地允许以租赁等方式取得，双方签订好补偿协议，用地报当地县级国土资源部门备案。由此可见，光伏电站占用未利用地可灵活采取租赁等方式进行。

2. 光伏电站用地控制指标

2015 年 12 月 2 日，国土资源部发布了《光伏发电站工程项目用地控制指标》，对单个光伏电站的总体用地指标和光伏方阵、变电站及运行管理中心、集电线路用地和场内道路用地 4 个功能分区单项用地指标进行了划定。即光伏电站总体用地规模要在规定范围之内，具体功能区的用地面积也有红线限定。至于具体指标数，由于光伏发电站工程项目用地的规模大小与光伏组件的发电效率、安装所在纬度、项目所在地形类别、光伏方阵排列安装方式以及升压站的升压等级有直接关系，所以因项目而异。项目建设方可在全文中查询各指标对应计算方法。

国土资源部还指出该用地指标是光伏发电站工程项目可行性研究（初步设计）、用地审批、土地供应、供后监管、竣工验收等环节确定用地规模的依据和尺度，在编制光伏发电站工程项目可行性研究报告时，应当按照该指标确定的总体规模和各功能分区规模进行规模核定，并在报告中对用地规模核定情况进行专篇说明。而在审批光伏发电站工程项目用地时，应当按照该指标确定的总用地规模和各功能分区用地规模进行核定。该指标从 2016 年 1 月 1 日起实施，有效期 5 年。

3. 光伏电站的选址工作内容

光伏发电项目的选址工作可分为两个阶段：项目预可行性研究阶段的选址工作和项目可行性研究阶段的选址工作。

光伏发电项目在预可行性研究阶段的选址工作主要是对具体的选址区域进行基本评估，确定是否存在地质灾害、明显的阳光遮挡、不可克服的工程障碍、土地使用价格超概算等导致选址不适合建设光伏电站的重大影响因素；针对选址的初步勘测结果规划装机容量、提出方案设想；对所提方案进行实施估算和经济性评价。因此，预可行性研究阶段需要对选址场地进行地形测绘和岩土初勘，但并不需要方案进行图纸设计。

可行性研究阶段的选址工作是对于可行性研究时的选址工作的论证，包括项目对环境的影响评价、水土保持方案、地质灾害论证、压覆矿产和文物情况的论证等选址咨询工作，该阶段需要对选址进行土地详勘，并对方案设想进行设计计算、提供相应图纸，为项目实施方案做出投资概算和经济性评价。

项目选址获得审查批复通过，选址工作完成，项目进入初步设计阶段。

4. 光伏电站的选址应考虑的因素

（1）光伏发电选址行政要求

站址的土地性质为可用于工业项目的土地，即非基本农田、非林业用地、非绿化用地及非其他项目规划用地等。在选址时需与当地土地局、规划局和招商局等相关部门确认上述土地性质的准确信息。此外，最终确定的选址需得到当地环保部门的环境评价认可。

（2）日照资源等气候条件

首先，光伏电站选址优先考虑在太阳能资源丰富的地区进行光伏电站选址。可参照国家标准《光伏并网电站太阳能资源评估规范》中太阳能资源评估内容作为参考依据。以日峰值日照时数为指标，进行并网发电适宜程度评估，水平面日峰值日照时数等级参见表4-1。

表4-1 水平面日峰值日照时数等级

等级	太阳总辐射年总量	峰值日照时数	并网发电适宜程度
1	$>6660MJ/(m^2 \cdot a)$	$>5.1h$	很适宜
	$>1850kW \cdot h/(m^2 \cdot a)$		
2	$6300 \sim 6660MJ/(m^2 \cdot a)$	$4.8 \sim 5.1h$	适宜
	$1750 \sim 1850kW \cdot h/(m^2 \cdot a)$		
3	$5040 \sim 6300MJ/(m^2 \cdot a)$	$3.8 \sim 4.8h$	较适宜
	$1400 \sim 1750kW \cdot h/(m^2 \cdot a)$		
4	$<5040MJ/(m^2 \cdot a)$	$<3.8h$	较差
	$<1400kW \cdot h/(m^2 \cdot a)$		

其次，需要考虑的重要气候因素还有当地最大风速及常年主导风向。当地风力以及风向是影响光伏电站支架设计强度的主要因素，如当地常发灾害性强度风力，则不适合建设光伏发电系统。

再有，还需考虑其他气象因素对太阳电池组件的影响，如冰雹、沙尘暴、大雪等灾害性天气，分析该灾害性天气对光伏并网电站的影响程度。

（3）地理和地质情况

光伏电站选址的地理和地质情况因素包括选址地形的朝向（将影响组件方阵朝向、阴影遮挡等），坡度起伏程度、岩壁及沟壑等地表形态（将影响支架基础的施工方案，从而影响土建的施工难度和成本）面积占可选址总面积的比例，地质灾害隐患（塌陷等潜在地质灾害直接影响光伏组件方阵的设备安全性，需慎重考虑此址），冬季冻土深度、一定深度地表的岩层结构以及土质的化学特性（将影响支架基础形式、强度以及施工方法设计）等。为保证选址的有效性，需对选址进行初步地质勘测。

（4）水文条件

拟选址地的水文条件包括短时最大降雨量、积水深度、洪水水位、排水条件等。上述因素直接影响光伏电站的支架系统、支架基础的设计以及电气设备安装高度。

（5）大气质量

大气质量因素包括空气透明度（当地日照辐射总量中因空气透明度低而导致反射光和散射光占日照辐射总量的比例较大，从而影响光伏发电组件种类的选择）、空气内悬浮尘埃的量及物理特性（将影响该光伏电站在设计时是否需要考虑清洗用水、清洗频率）、盐雾等具有腐蚀性的气体（①对金属支架系统有腐蚀性，容易减少支架的使用寿命，设计时需要充分考虑防腐措施；②盐雾极易导致组件表面沉积固体盐分，降低光对组件表面的穿透特性，影响发电量）。

（6）交通运输条件和电力输送条件等

如果是对地面光伏电站项目进行选址，应考虑施工阶段大型施工设备的进出场地、大型设备（如大功率逆变器、升压变压器等）的运输问题，应方便运输，不应因开辟道路等带来投资费用增加。

大规模地面光伏电站选址地点通常比较偏僻，还应考虑该光伏电站项目的电力输送条件：电力送出和厂用电线路。如项目选址离接入电力系统的变电站较远，将会造成输电线路造价高和输电线路沿线的电量损失。因此在选址工作期间，需要与当地电网公司（或供电公司）充分沟通，对列入选址备选地点周边可用于接入系统的变电站的容量、电压等级等进行详细了解，为将来进行项目的接入系统设计提供详细的输入条件。

5. 光伏电站的选址原则

确定选址的原则是使项目建设在各类条件上都具备可行性，应考虑合理的能量回收期以及投资收益，使得项目既取得符合可再生能源发展初衷所要求的环保、社会效益，又为项目的投资经济性提供优越条件。

4.1.2　光伏组件阵列排布设计

1. 光伏组件的选型

目前使用较多的两种太阳能光伏组件是单晶硅和多晶硅太阳光伏组件。单晶硅太阳能光伏组件的单体光电转换效率为 16%～18%，转换效率相对较高，但是制作成本相对高一些；多晶硅太阳能光伏组件的单体光电转换效率约 15%～17%，制作成本比单晶硅太阳能光伏组件要便宜一些，材料制造简便，节约电耗，总生产成本较低，因此得到大量发展。对于MW级的光伏电站，组件用量大、占地面积广，应优先选用单位面积容量比较大（即效率高）的光伏组件。这样可使系统所用的组件数量相对少一些，组件连接点少，故障率减小，接触电阻小，线缆用量小，系统整体损耗也会降低。

2. 光伏组件串联设计

（1）设计原则

电池组件规格相同，安装角度一致；根据并网逆变器的 MPPT 电压范围来设计光伏组件串联的数量，需要考虑温度与电压之间的变化关系，在温度变化范围内，组件串列的最佳工作电压应在逆变器的 MPPT 电压范围内（晶体硅组件工作电压温度系数为 -0.45% V/℃，晶体硅组件开路电压温度系数为 -0.34% V/℃；非晶体硅组件工作电压温度系数为 -0.28% V/℃，非晶体硅组件开路电压温度系数为 -0.28% V/℃，具体系数可参考组件生产厂家提供的说明书）。光伏串列的开路电压不超过逆变器的最大允许电压。

（2）组件串联数量计算

若不考虑温度对光伏组件开路电压的影响，组件串联数有：

$$\frac{U_{\text{dcmin}}}{U_{\text{mp}}} \leqslant N \leqslant \frac{U_{\text{dcmax}}}{U_{\text{oc}}} \tag{4-1}$$

式中　U_{dcmax}——逆变器输入直流侧最大电压；

　　　U_{dcmin}——逆变器输入直流侧最小电压；

　　　U_{oc}——光伏组件开路电压；

　　　U_{mp}——光伏组件最大（佳）工作电压；

　　　N——光伏组件串联数。

若考虑温度对组件电压的影响，则有

$$\frac{U_{mpptmin}}{U_{mp}\left[1+(t'-25)Kv'\right]} \leqslant N \leqslant \frac{U_{mpptmax}}{U_{pm} \times \left[1+(t-25)Kv'\right]} \tag{4-2}$$

$$N \leqslant \frac{U_{dcmax}}{U_{oc}\left[1+(t'-25)Kv\right]} \tag{4-3}$$

式中　Kv——光伏组件开路电压温度系数；

　　　Kv'——光伏组件工作电压温度系数；

　　　t——光伏组件工作条件下的极端低温（℃）；

　　　t'——光伏组件工作条件下的极端高温（℃）；

　　U_{dcmax}——逆变器输入直流侧最大电压；

　　U_{dcmin}——逆变器输入直流侧最小电压；

　　　U_{oc}——光伏组件开路电压；

　　U_{mp}——光伏组件最大（佳）工作电压；

　　　N——光伏组件串联数（N取整）。

并结合以下因素确定具体串联数：电池阵列的输出电压（等于电池组件最大电压×组件串联数）应处于逆变器 MPP 电压范围以内；电池阵列的输出电压略高于并网逆变器 MPPT 电压的中间值，这样可以达到 MPPT 的最佳效果。

3. 光伏组件并联设计

（1）设计原则

光伏组件串列的电气特性一致；并联线路尽可能短；采用专用的汇流箱；对于非晶硅组件，可采用专用的光伏连接器。

（2）组件并联数量计算

光伏组件并联数量由逆变器的额定容量确定：

$$N_{并} = \frac{逆变器的额定容量\ P_{逆}}{组件串功率\ P_{串}} \tag{4-4}$$

4. 阵列安装方式和安装角度

（1）阵列安装方式

光伏阵列安装方式可分为固定式和跟踪式。固定式指的是阵列朝向固定不变，不随太阳位置变化而变化，如图 4-2 所示，这种安装方式简单快捷，光伏支架部分的成本较低，但由于光伏组件固定不动，不能随阳光的移动而转动，无法保证获取到最大的阳光辐射，所以发电量相对偏低。优点是抗风能力强，安装方式简易，工作可靠，造价低。

跟踪式光伏阵列通过相应的机电或液压装置使光伏阵列随着太阳的高度和方位角的变化而移动，使得在接近全日照过程中太阳光线都与光伏阵列垂直，由此提高太阳能光伏阵列的发电能力。与固定式相比，在相同日照条件下，光伏阵列理论发电量提高 20%～30%，纬度越低越明显。跟踪式光伏阵列按照旋转轴的个数可分为单轴跟踪式（如图 4-3 所示）和双轴跟踪式（如图 4-4 所示）。单轴跟踪式只能围绕一个旋转轴旋转，光伏阵列只能跟踪太阳运行的方位角或者高度角两者之一的变化。双轴跟踪式可沿两个旋转轴运动，能同时跟踪太阳能的方位角与高度角的变化。

由于跟踪式初期投入和后期维护成本较高，且稳定性有待进一步提高，所以目前大型光伏电站基本上采用固定支架安装方式。

图4-2　固定式　　　　　图4-3　单轴跟踪系统　　　　图4-4　双轴跟踪系统

（2）阵列的安装角度

在一般情况下，在无阴影遮挡时，固定光伏阵列按东西方向排列（北半球通常是正南朝向，南半球是正北朝向，即光伏阵列垂直面与正南方向夹角（方位角）为0°），才能获得年平均最大辐射量（或年平均最大发电量）。如果光伏阵列设置场所如屋顶、土坡、山地、建筑物结构及阴影等的限制时，则应考虑与它的方位角一致，以求充分利用现有地形有效面积，并尽量避开周围建筑物、构筑物或树木产生的阴影。只要在正南±20°之内，都不会对发电量有太大影响。

并网光伏发电系统阵列最佳安装倾角可用专业系统设计软件（如PVsyst软件）进行优化设计来确定，它应是系统全年发电量最大时的倾角。简便的方法并网发电系统阵列倾角约等于当地纬度。

计算确定光伏阵列间距的一般原则，冬至日当天早晨9：00至下午3：00的时间段光伏阵列不应该被遮挡，可参见项目1中图1-15。d的大小可参考式（4-5）。

$$d = \frac{0.707H}{\tan\left[\arcsin(0.648\cos\phi - 0.399\sin\phi)\right]} \tag{4-5}$$

式中，ϕ为安装光伏发电系统所在地区的纬度，H为前排组件最高点与后排组件最低点的差距（即后排组件的底边至前排遮盖物上边的垂直高度）。

5. 光伏阵列布置设计

在光伏电站的设计中，光伏组件的放置有两种设计方案，竖向布置和横向布置，如图4-5和图4-6所示。两种布置方式占地面积相同，但竖向布置安装方便、电线使用量上相对少一些，因此在设计中多采用竖向布置。横向布置时，最上面的一块安装比较麻烦，从而影响了施工进度，所以用得比较少一些，但横向布置可以提高一些发电量。

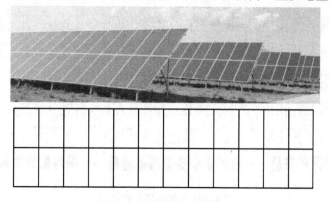

图4-5　光伏阵列竖向布置

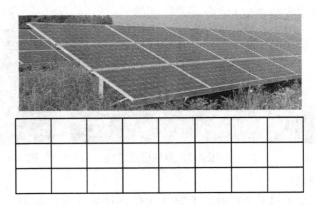

图 4-6 光伏阵列横向布置

光伏电站在设计过程中，由于土地面积的限制，阵列间距一般只考虑冬至日 6h 不遮挡。然而，6h 之外，太阳能辐照度仍是足以发电的。当辐射强度 $\geqslant 50W/m^2$ 时，逆变器就可以向电网供电。因此，12 月份的发电时间要大于 6h 以上。参照图 4-7 和图 4-8 横向布置被遮挡和竖向布置被遮挡的图可知，当组件竖向布置时，阴影会同时遮挡 3 个组件串，3 个二极管若全部正向导通，则组件没有功率输出，3 个二极管若没有全部正向导通，则组件产生的功率会全部被遮挡电池消耗，组件也没有功率输出。当组件横向排布时，阴影只遮挡 1 个组件串，被遮挡电池串对应的旁路二极管会承受正压而导通，这时被遮挡组件串产生的功率全部被遮挡电池消耗，同时二极管正向导通，可以避免被遮挡电池消耗未被遮挡电池串产生的功率，另外两个电池串可以正常输出功率。

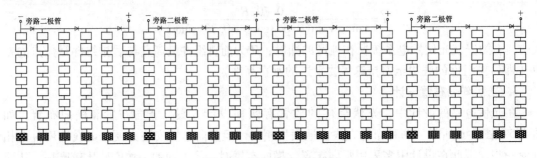

图 4-7 横向布置时被遮挡

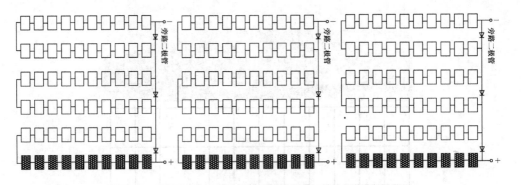

图 4-8 竖向布置时被遮挡

4.1.3 直流汇流设计

为了减少直流侧电缆的接线数量，提供系统的发电效率，方便维护，提高可靠性，对于大型光伏并网发电系统，一般需要在光伏组件与逆变器之间增加直流汇流装置（汇流箱和直流配电柜），汇流箱进行一次汇流，直流配电柜进行二次汇流。

1. 直流汇流箱的选型

光伏阵列汇流箱是保证光伏组件有序连接和汇流功能的接线装置。该装置还能够保障光伏系统在维护、检查时易于分离电路，当光伏系统发生故障时减小停电的范围。图4-9和图4-10分别为不带监控和带监控的汇流箱。

检测回路

图4-9　不带监控的汇流箱　　　　　图4-10　带监控的汇流箱

直流汇流箱选用应满足室外安装的使用要求，绝缘防护等级要达到IP65，可接入6个以上的组件串列，每路电流最大可达10A，接入最大组件串列的开路电压值可达DC900V，熔断器的耐压值小于DC1000V。每路组件串应具有二极管防反接功能，应配有光伏专用防雷器，正负极都具有防雷功能。

光伏防雷汇流箱应根据最大光伏阵列并联输入路数，选择不同的型号，常用的有6、8和16路等。

IP等级是针对电气设备外壳对异物侵入的防护等级，来源是国际电工委员会的标准IEC 60529，这个标准在2004年也被采用为美国国家标准。在这个标准中，针对电气设备外壳对异物的防护，IP等级的格式为IP××，其中××为两个阿拉伯数字，第1个数字表示防尘、防止外物侵入的等级，第2个数字表示防潮气、防水侵入的密闭程度，数字越大表示防护等级越高。具体的防护等级如下。

防尘等级（第一个×表示）：0，没有保护；1，防止大的固体侵入；2，防止中等大小的固体侵入；3，防止小固体进入侵入；4，防止大于1mm的固体进入；5，防止有害的粉尘堆积；6，完全防止粉尘进入。

防水等级（第二个×表示）：0，没有保护；1，水滴滴入到外壳无影响；2，当外壳倾斜到15°时，水滴滴入到外壳无影响；3，水或雨水从60°角落到外壳上无影响；4，液体由任何方向泼到外壳没有伤害影响；5，用水冲洗无任何伤害；6，可用于船舱内的环境；7，可于短时间内耐浸水（1m）；8，于一定压力下长时间浸水。

直流汇流箱绝缘防护等级IP65中的"6"表示完全防止外物侵入，且可完全防止灰尘进入；"5"表示防止来自各方向由喷嘴喷射出的水进入仪表造成损坏。

2. 直流配电柜的选型

直流防雷配电柜（如图4-11所示）主要作用是将汇流箱输出的直流电缆接入后进行汇

流，再接至并网逆变器。配电柜内含有直流输入断路器、漏电保护器、防反二极管、光伏防雷器等主要器件，在保证系统不受漏电、短路、过载与雷电冲击等损坏的同时，有效保证负载设备运行的同时，方便客户操作和维护。应根据工程需要和对应逆变器，配置不同的直流配电单元。

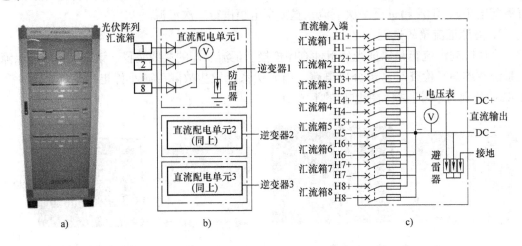

图 4-11　直流防雷配电柜实物图、接线图和原理图
a）实物图　b）接线图　c）原理图

4.1.4　光伏逆变器选型

光伏逆变器的作用是将电能转化为与电网同频、同相的正弦波电流，馈入公共电网。目前，集中式光伏发电系统大多用集中式逆变器。

1. 集中式逆变器简介

集中式逆变器（见图 4-12）将光伏组件产生的直流电汇总转变为交流电后输送至变压器进行升压、并网。因此，逆变器的功率都相对较大，一般在几百 kW 到 1MW，功率器件采用大电流 IGBT，系统拓扑结构采用 DC－AC 一级电力电子器件变换全桥逆变，工频隔离变压器的方式，防护等级一般为 IP20，体积较大。

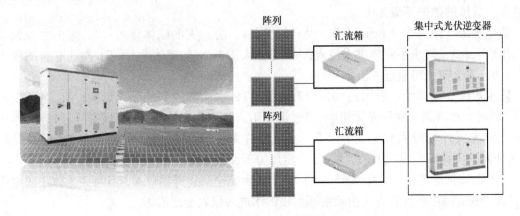

图 4-12　集中式逆变器及应用

（1）集中式逆变器优点

1）功率大，数量少，便于管理；元器件少，稳定性好，便于维护。

2）谐波含量少，电能质量高；各种保护功能齐全，电站安全性高。

3）集成度高，功率密度大，成本低。

4）有功率因素调节功能和低电压穿越功能，电网调节性好。

（2）集中式逆变器缺点

1）集中式逆变器需要大量直流汇流箱进行汇流，直流汇流箱故障率较高，影响整个系统。

2）集中式逆变器 MPPT 电压范围窄，一般为 450~820V，组件配置不灵活。

3）逆变器机房安装部署困难，需要专用的机房和设备。

4）逆变器自身耗电以及机房通风散热耗电，系统维护相对复杂。

5）集中式并网逆变系统中，组件方阵经过两次汇流到达逆变器，逆变器 MPPT 不能监控到每一路组件的运行情况，因此不可能使每一路组件都处于最佳工作点，当有一块组件发生故障或者被阴影遮挡，会影响整个系统的发电效率。

6）集中式并网逆变系统中无冗余能力，如有发生故障停机，整个系统将停止发电。

7）集中式逆变器占地面积大，需要专用的机房，安装不灵活。

（3）集中式逆变器适用范围

集中式逆变器一般用于日照均匀的大型厂房、荒漠电站、地面电站等大型发电系统中，系统总功率大，一般是兆瓦级以上。

2. 集中式光伏逆变器的木桶效应

如图 4-13 所示，集中式逆变器不可能使每一路组件都处于最佳工作点，当有一块组件发生故障或者被阴影遮挡，会影响整个系统的发电效率（同一个 MPPT 下的所有组串都将受到最低输入功率组串的"木桶短板效应"的影响而降低输入功率，降低系统整体发电能力）。所以当电池组件受到遮挡时，集中型电站会受到较大的影响，组串型电站只有被遮挡的一串对应的一路 MPPT 受到影响。而在正常情况下，各个组件之间的安装间距、安装角度各异，一天中一定时间内不可避免会产生局部遮挡，特别是早晚时刻太阳高度角较低的时候，或者出现一些植被遮挡一些电池片。若一个 500kW 方阵的电池板使用一路 MPPT 来跟踪，会损失一定的发电量。该情况同样适用于当电池组件发生脏污、阴影、老化、升温、热斑的情况下，如图 4-14 所示。

3. 集中式光伏电站逆变器的选型

（1）并网光伏逆变器的配置选型

1）逆变器类型选择。并网逆变器主要分高频变压器型、低频变压器型和无变压器型 3 大类。几种不同的电路拓扑结构如下。

单相高频不隔离拓扑结构如图 4-15 所示。优点：效率高、直流输入电压范围宽、体积小、重量轻；缺点：无电气隔离、光伏组件两端有电网电压、EMC（电磁兼容）难度较大。

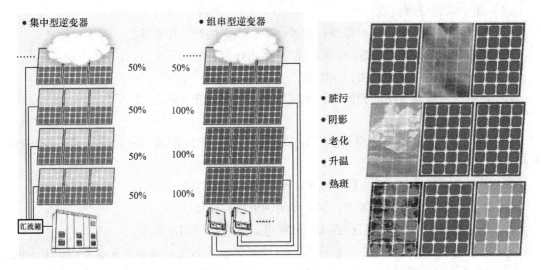

<table>
<tr><td>图 4-13　集中式逆变器电站的木桶效应</td><td>图 4-14　木桶效应适用的其他情况</td></tr>
</table>

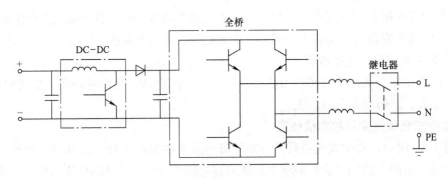

图 4-15　单相高频不隔离拓扑结构

单相高频隔离拓扑结构如图 4-16 所示。优点：结构简单、具有电气隔离、抗冲击性能好、安全可靠；缺点：效率相对较低、较重。

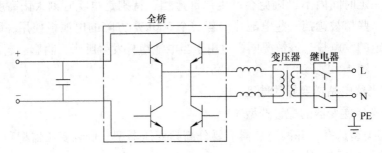

图 4-16　单相高频隔离拓扑结构

三相工频隔离拓扑结构如图 4-17 所示。优点：结构简单、具有电气隔离、抗冲击性能好、安全可靠；缺点：效率相对较低、较重。

三相直接逆变不隔离拓扑结构如图 4-18 所示。优点：效率高、体积小、结构简单；缺

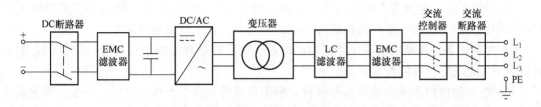

图 4-17　三相工频隔离拓扑结构

点：无电气隔离、光伏组件两端有电网电压。

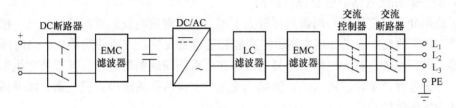

图 4-18　三相直接逆变不隔离拓扑结构

实际应用时，应根据所设计电站以及业主的具体要求，主要从安全性和效率两个层面来选择变压器的类型。并网逆变器的选型如表 4-2 所示。

表 4-2　并网逆变器的选型

类型 ＼ 因素	安 全 性	转 换 效 率	成 本 价 格	重量、尺寸
高频变压器型	中	低	中	中
低频变压器型	高	中	高	大
无变压器型	低	高	低	小

2）容量匹配设计。并网系统设计中要求电池阵列与所接逆变器的功率容量相匹配，一般的设计思路为

电池阵列功率 = 组件标称功率 × 组件串联数 × 组件并联数

在容量设计中，并网逆变器的最大输入功率应近似等于电池阵列功率，以实现逆变器资源的最大化利用，也有助于提高逆变器的转换效率。

3）MPPT 电压范围与电池组电压匹配。根据太阳能电池的输出特性，电池组件存在功率最大输出点，并网逆变器具有在额定输入电压范围内自动追踪最大功率点的功能，因此电池阵列的输出电压应处于逆变器 MPP 电压范围以内。电池阵列电压 = 电池组件电压 × 组件串联数。

一般的设计思路是，电池阵列的最大工作电压略大于并网逆变器 MPPT 电压的中间值，这样可以达到 MPPT 的最佳效果。

4）最大输入电流与电池组电流匹配。电池组阵列的最大输出电流应小于逆变器最大输入电流。为了减少组件到逆变器过程中的直流损耗以及防止电流过大使逆变器过热或电气损坏，逆变器最大输入电流值与电池阵列的电流值的差值应尽量大一些。

电池阵列最大输出电流 = 电池组件短路电流 × 组件并联数

5）转换效率。并网逆变器的效率一般分为最大效率和欧洲效率，通过加权系数修正的欧洲效率更为科学。逆变器在其他条件满足的情况下，转换效率越高越好。

6）配套设备。并网发电系统是完整的体系，逆变器是重要的组成部分，与之配套相关的设备主要是配电柜和监控系统。

并网电站的监控系统包括硬件和软件，根据自身特点需要而量身定做，一般大型的逆变器厂家都针对自己的逆变器专门开发了一套监控系统，因此在逆变器选型过程中，应考虑相关的配套设备是否齐全。

7）品牌与质量。应该优先选择一些知名品牌且质量比较好的逆变器。

（2）集中式光伏电站逆变器选型原则

对于地形变化幅度较缓，局部地形较为平坦，无严重朝向及遮挡问题的电站，推荐采用具有多路 MPPT 的集中式逆变器方案，逆变器靠近道路安装，方便后期维护，同时降低系统成本，提高并网性能；对于地形特别复杂，存在严重朝向遮挡的电站，推荐使用组串式逆变器方案，尽量选择重量轻、可超配、散热性能强、安全可靠的组串式逆变器，以保证系统发电量，减少安装维护难度。

4.1.5 交流配电柜选型

交流配电柜（实物图和原理接成图如图 4-19 所示）的作用是将逆变器输出的交流电接入后，经过断路器接入电网，以保证系统的正常供电，同时还能对线路电能进行计量、保护。

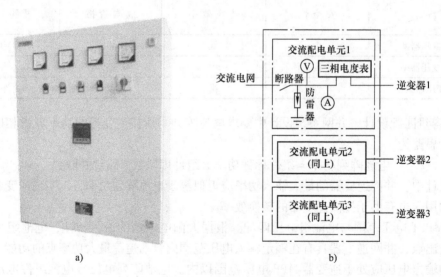

图 4-19 交流配电柜实物图和原理接成图
a）实物图 b）原理接线图

1. 交流配电柜的组成

交流配电柜主要由开关类电器（如断路器、切换开关、交流接触器等）、保护类电器（如熔断器、防雷器、漏电保护器等）、测量类电器（如电压表、电流表、电度表、交流互感器等）以及指示灯、母线排等组成。

2. 交流配电柜的主要功能

交流配电柜是在太阳能光伏发电系统中连接在逆变器与交流负载之间的接受、调度和分配电能的电力设备，它的主要功能如下。

1）电能调度。在太阳能光伏发电系统中，有时需要采用光伏/市电互补、光伏/风力互补和光伏/柴油机互补等形式作为光伏发电系统发电量不足的补充或者应急使用等，因此交流配电柜需要有适时根据需要对各种电力资源进行调度的功能。

2）电能分配。配电柜要对不同的负载线路设有各自的专用开关进行切换，以控制不同负载和用户的用电量和用电时间。

3）保证供电安全。配电柜内设有防止线路短路和过载、防止线路漏电和过电压保护的开关和器件，如断路器、熔断器、漏电保护器和过电压继电器等，线路一旦发生故障，能立即切断供电，保证供电线路及人身安全。

4）显示参数和监测故障。配电柜要具有三相或单相交流电压、电流、功率和频率及电能消耗等参数的显示功能以及故障指示信号灯、声光报警器等装置。

3. 交流配电柜的分类

交流配电柜按照负荷功率大小，分为大型配电柜和小型配电柜；按照使用场所的不同，分为室内型配电柜和户外型配电柜；按照电压等级不同，分为低压配电柜和高压配电柜。

4. 交流配电柜的选型

中小型太阳能光伏发电系统一般采用低压供电和输送方式，选用低压配电柜就可以满足输送和电力分配的需要。大型光伏发电系统大都采用高压配供电装置和设施输送电力，并入电网，因此要选用符合大型发电系统需要的高压配电柜和升、降压变压器等配电设施。

交流配电柜一般可以由逆变器生产厂家或专业厂家设计生产并提供成型产品。当没有成型产品提供或成品不符合系统要求时，就要根据实际需要自己设计制作了。

无论是选购还是设计生产光伏发电系统用交流配电柜，都要符合下列各项要求。

1）选型和制造都要符合国家标准要求，配电和控制回路都要采用成熟可靠的电子线路和电力电子器件。

2）要求操作方便、运行可靠、双路输入时切换动作准确。

3）发生故障时能够准确、迅速切断事故电流，防止故障扩大。

4）在满足需要、保证安全性能的前提下，尽量做到体积小、重量轻、工艺好、制造成本低。

5）当在高海拔地区或较恶劣的环境条件下使用时，要注意加强机箱的散热，并在设计时对低压电气元器件的选用留有一定余量，以确保系统的可靠性。

6）交流配电柜的结构应为单面或双面门开启结构，以方便维护、检修及更换电气元器件。

7）配电柜要有良好的保护接地系统。主接地点一般焊接在机柜下方的箱体骨架上，前后柜门和仪表盘等都应有接地点与柜体相连，以构成完整的接地保护，保证操作及维护检修人员的安全。

8）交流配电柜还要具有过载或短路的保护功能。当电路有短路或过载等故障发生时，相应的断路器应能自动跳闸或熔断器熔断，断开输出。

4.1.6　光伏电站中变压器选型

升压变压器、隔离变压器作为光伏并网发电系统中的关键设备之一，其合理的选型设计对提高光伏系统的效率、降低运营成本起到了至关重要的作用。

1. 光伏电站中特殊变压器

（1）分裂变压器

分裂变压器如图 4-20 所示。分裂变压器和普通变压器的区别在于：它的低压绕组中有一个或几个绕组分裂成额定容量相等的几个支路，这几个支路之间没有电气联系，仅有较弱的磁联系，而且各分支之间有较大的阻抗。应用较多的是双绕组双分裂变压器，它有一个高压绕组和两个分裂的低压绕组，分裂绕组的额定电压和额定容量都相同。在应用分裂变压器对两段母线供电时，当一段母线发生短路时，除能有效地限制短路电流外，还能使另一段母线上电压保持一定水平，不致影响用户的运行。

光伏升压变压器是低压侧分裂成两个相同容量、连接组别和电压等级相同的绕组，分别各连接一组逆变器。采用分裂变压器主要是为了限制短路电流，同时减少变压器台数。

（2）隔离变压器

隔离变压器（如图 4-21 所示）属于安全电源，其主要作用是使一次侧与二次侧的电气完全绝缘，也使该回路隔离，起到安全保护作用；利用其铁心的高频损耗大的特点，从而抑制高频杂波传入控制回路。

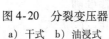

图 4-20　分裂变压器　　　　　　　　　　　图 4-21　隔离变压器
a) 干式　b) 油浸式

2. 变压器规格型号选型

（1）变压器容量选取

变压器的容量（视在功率）=有功功率/功率因数。民用和小工业用电的功率因数一般为 0.85，大工业用电的功率因数为 0.9。

（2）变压器电压选取

根据逆变器输出电压来选择变压器的一次侧电压值，根据用电设备选择二次侧电压值。

（3）变压器相数选取

根据电源、负载，选择变压器的相数是单相还是三相。

（4）变压器联结组别选取

变压器三相绕组有星形联结、三角形联结与曲折联结三种联结法。根据《三相油浸式电力变压器技术参数和要求》（GB/T 6451—1999）和《干式电力变压器技术参数和要求》（GB/T 10228—1997）规定，配电变压器可采用 Dyn11 联结。其中 D 表示一次侧绕组为三角形接线，Y 表示二次侧绕组星形接线，n 表示引出中性线，11 表示二次侧绕组的相角滞后一次绕组 330°（11×30°），用时钟的表示方法，如假设一次侧绕组为中心 12 点时刻，那么二次侧绕组就在 11 点位置，夹角为 30°。

（5）变压器负载损耗，空载损耗和阻抗电压

考虑光伏发电的特殊性即白天发电，不论发电装置是否输出功率，只要变压器接入系统，变压器始终产生空载损耗。要求变压器的负载损耗尽量低，若变压器夜间运行，则要求空载损耗也要低。

（6）变压器工作环境

变压器工作地点干净、无粉尘容量又不是很大，就可以选择干式变压器，否则就应该选择油浸变压器。

干式变压器特点是体积小、重量轻、安装容易、维修方便、结构简单、没有火灾和爆炸危险等。

油浸式变压器的绕组是浸在变压器油中的，绝缘介质就是油，冷却方式有自冷、风冷和强迫油循环冷却。其优点是冷却效果好，可以满足大容量；瓦斯继电器可以及时反映出绕组的故障，保证系统的稳定运行，不足之处是得经常巡视，关注油位的变化，缺了油（油的作用是冷却和绝缘）是一件很危险的事情。

从低噪、节能、防火、节省土建造价、运行维护管理费以及长达 30 年的寿命等综合技术经济性能比较，干式变压器显现出其明显的优越性。如条件允许建议选择干式变压器。

3. 升压变压器选择原则

（1）光伏发电站升压站主变压器选择原则

1）应优先选用自冷式、低损耗电力变压器。

2）当无励磁调压电力变压器不能满足电力系统调压要求时，应采用有载调压电力变压器。

3）主变压器容量可按光伏发电站的最大连续输出容量进行选取，且宜选用标准容量。

（2）光伏方阵内就地升压变压器选择原则

1）应优先选用自冷式、低损耗电力变压器。

2）升压变压器容量可按光伏方阵单元模块最大输出功率选取。

3）可选用高压/低压预装式箱式变电站或由变压器与高低压电气元件等组成的敞开式设备。对于在沿海或风沙大的光伏发电站，当采用户外布置时，沿海防护等级应达到 IP65，风沙大的光伏发电站防护等级应达到 IP54。

4）就地升压变压器可采用双绕组变压器或分裂变压器。

5）就地升压变压器宜选用无励磁调压变压器。

光伏发电站及其升压站的过电压保护和接地应符合《交流电气装置的过电压保护和绝缘配合》（DL/T 620）和《交流电气装置的接地》（DL/T 621）的规定。光伏方阵场地内应设置接地网，接地网除采用人工接地极外，还应充分利用光伏组件的支架和基础。光伏方阵接地应连续、可靠，接地电阻应小于 4Ω。

4.1.7 计算机监控系统设计

计算机监控系统（如图4-22所示）的主要作用是监控整个发电站的运行状况（包括光伏组件的运行状态、逆变器的工作状态、系统的工作电压、电流等数据），还可以根据需要将相关数据直接发送至互联网，以便远程监控发电站的运行情况。

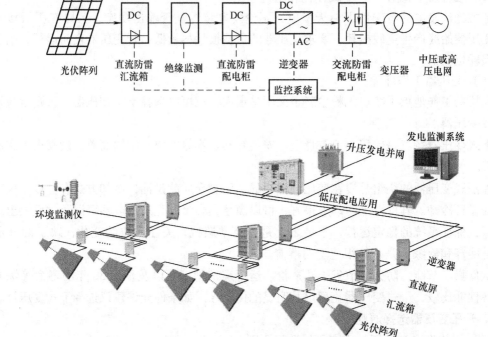

图 4-22　光伏发电监测系统示意图

1. 光伏汇流箱采集方案

主要通过光伏汇流箱中检测电路实现电池电流的检测，实现对光伏组件串工作状态的监控，也可以对汇流箱内的防雷器、断路器状态进行监控等。

2. 光伏绝缘监测方案

在光伏逆变系统中，由于系统直流输入、输出回路众多，难免会出现绝缘损坏等情况，当单点绝缘下降故障发生时，由于没有形成短路回路，并不影响用电设备的正常工作，此时仍可继续运行；但若不及时处理，一旦出现两点接地故障，将可能造成直流电源短路，输出熔断器熔断，开关烧毁，逆变器可能出现故障，严重影响机房内其他设备的安全运行；同时，绝缘下降还会给现场运行维护人员的人身安全造成威胁。另外，直流柜内直流输入、输出回路非常多，为方便运维，也有必要及时有效地监测和查找出绝缘下降的具体支路。因此，光伏逆变机房的高压直流供电系统，必须要提供可靠有效的绝缘监测方案来监测系统的正常运行，如图4-23所示，监测系统可进行特定的循环测量。只有当所有测量循环周期的结果都低于设定阈值的时候，设备才会介入干预，从而避免跳闸和光伏系统中的其他问题。系统有两种干预阈值，一种是预警，另一种是报警。

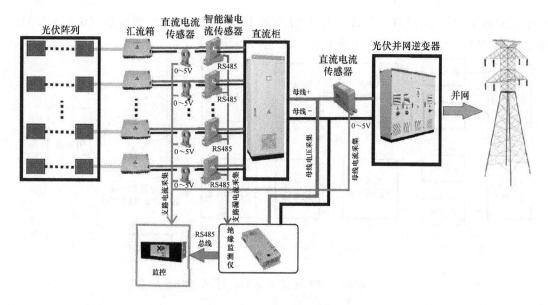

图 4-23　光伏绝缘监测方案

3. 光伏直流柜采集方案

通过采集电压、电流实现对汇流箱输出电流进行监测，对直流柜内的防雷器、断路器状态进行监控，测量每个汇流箱的输出功率等。

4. 光伏逆变采集方案

利用逆变器自带的采集系统通过网络监控直流侧电压、电流、功率，交流侧电压、电流、功率、频率等。

4.1.8　接地及防雷系统设计

为保证光伏系统安全可靠工作，防止因雷击、浪涌等外在因素导致系统设计的损坏，系统防雷、接地系统设计必不可少。主要从以下几个方面考虑。

1）地线是防雷、防雷的关键，在进行配电室基础建设和太阳能方阵基础建设的同时，根据选址电站附近土层较厚、潮湿的地点，挖 1～2m 深地线坑，采用大于 $40mm^2$ 的扁钢，添加降阻剂并引出地线，引出线采用 $10mm^2$ 铜芯电缆，接地电阻应小于 4Ω。

2）在配电室附近建一防雷针，高 15m，并单独做一地线，方法同上。

3）直流侧防雷措施。光伏组件应保证良好的接地，光伏电池阵列连接电缆接入防雷汇流箱，汇流箱内已含高压防雷器保护装置，光伏阵列汇流后再接入直流防雷配电柜，经过多级防雷装置可有效地避免雷击导致设备的损坏。

4）交流侧防雷措施。每台逆变器的交流输出经交流配电柜，可有效地防止雷击和电网浪涌导致设备的损坏。

5）所有机柜都要良好的接地。

4.1.9　1MW 光伏发电系统设计过程

1MW 光伏发电系统总体结构如图 4-24 所示，此系统采用分块发电、一次升压、集中并网的设计方案。整个系统设计为两个 500kW 光伏发电单元，配置两台 500kW 并网逆变器，输出额定电压为三相 270V、50Hz，经 1 台高效 10kV 双分裂升压变压器（0.315/0.315/10kV，1000kV·A）接入 10kV 中压电网，实现并网发电。

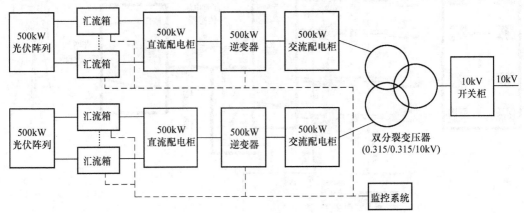

图 4-24　1MW 光伏发电系统总体结构图

1. 光伏逆变器的选型

选用某公司生产的 500kW 光伏逆变器，如图 4-25 所示。电路框图结构如图 4-26 所示，逆变器参数如表 4-3 所示。

2. 光伏组件的选型

选用江苏艾德太阳能科技有限公司生产的 AD265Q6 - Ab 多晶硅光伏组件，如图 4-27 所示。光伏组件参数如表 4-4 所示。

500kW 光伏发电系统共需要 AD265Q6 - Ab 光伏组件 500000/265 ≈ 1887 块，1MW 光伏发电系统则需用 3774 块组件。

关于组件串工作电压取值的设计思路：组件串最大工作电压应在逆变器 MPPT 范围内，略大于并网逆变器 MPPT 电压的中间值，MPPT 的控制效果最佳。

由表 4-3 可知，所选 500kW 光伏逆变器的 MPPT 电压的

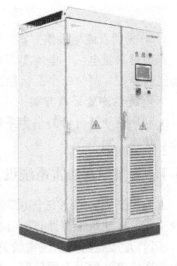

图 4-25　500kW 光伏逆变器

工作范围为 460~850V，中间值约为 655V；而 AD265Q6 - Ab 最大工作电压为 31.48V。

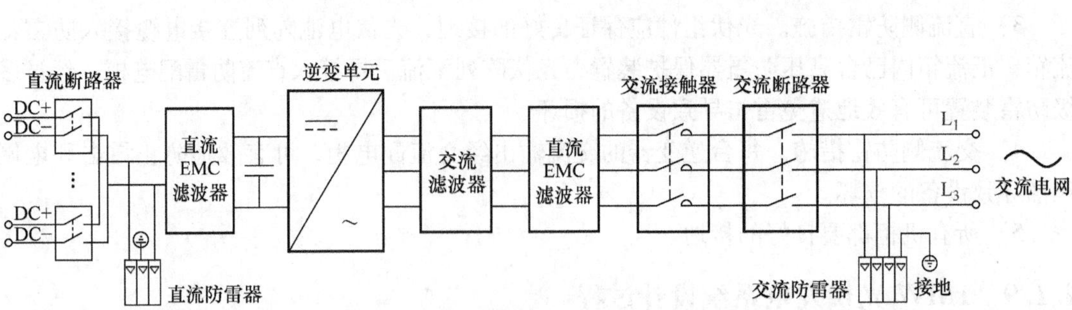

图 4-26　500kW 光伏逆变器电路框图

表 4-3　500kW 光伏逆变器技术参数

项目	参数名称	参数情况	参数名称	参数情况
输入	最大直流功率($\cos\varphi = 1$ 时)	560kW	最大输入电压	1000V
	起动电压	500V	最低工作电压	460V
	最大输入电流	1220A	MPPT 电压范围	460~850V
输出	额定输出功率	560kW	最大交流输出功率	550kV·A
	最大输出电流	1008A	最大总谐波失真	<3% （额定功率时）
	额定电网电压	315V	允许电网电压范围	252~362 （可设置）
	额定电网频率	50Hz/60Hz	允许电网频率范围	45~55Hz/55~65Hz （可设置）
	额定功率下的功率因数	>0.99	直流电流分量	<0.5% 额定输出电流
	功率因数可调	0.9（超前）~0.9（滞后）		
效率	最大效率	99.00%	欧洲效率	98.70%
保护	直流过电压保护	具备	交流过压保护	具备
	直流反接保护	具备	电网监测	具备
	直流短路保护	具备	接地故障监测	具备
	绝缘监测	具备	过热保护	具备
其他功能	PID 防止与修复 PID	选配	SVG 功能	选配
	夜间休眠模式	具备	交流侧直接并联	具备
	软开、关机	具备	内外供电自动切换	具备
常规数据	尺寸（宽×高×深）	1005mm×1915mm×835mm	重量	800kg
	运行温度范围	-30~65℃	外供电	3~380V/2.5A
	冷却方式	温度强制风冷	防护等级	IP21
	相对湿度	0~95%，无冷凝	通信接口/协议	RS485/Modbus、以太网

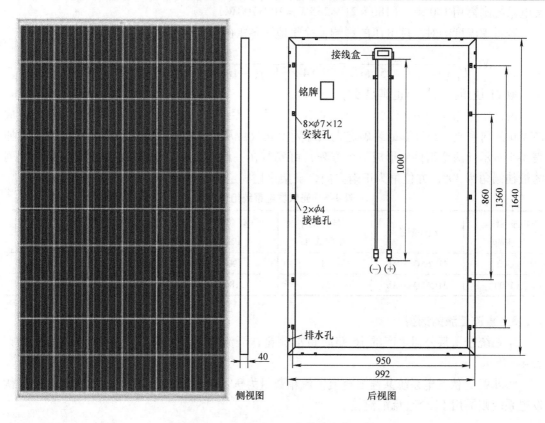

图 4-27　AD265Q6 - Ab 多晶硅光伏组件

表 4-4　AD265Q6-Ab 多晶硅光伏组件技术参数

项目	参数名称	参数情况	项目	参数名称	参数情况
电气参数	最大输出功率	265W	机械参数	电池片型号	多晶 156mm×156mm
	最大工作电压	31.48V		电池片数量	60（6×10）
	最大工作电流	8.42A		产品尺寸	1640mm×992mm×40mm
	开路电压	38.84V		产品重量	18.5kg
	短路电流	8.92A		玻璃	钢化玻璃
	组件转换效率	16.29%		边框材料	银色、阳极氧化铝
	工作温度	-40~85℃	温度参数	额定电池工作温度	±45℃
	最大系统电压	DC 1000V		最大功率温度系数	-0.42%/℃
				开路电压温度系数	-0.30%/℃
	最大系列熔丝	15A		短路电渡温度系数	0.06%/℃

若不考虑温度对组件电压的影响，则组件串联数为 655/31.48≈20.8，取 21，即 21 个光伏组件构成一个组件串。

组件串的工作电压为 31.48×21V=661.6V，开路电压为 38.84×21V=815.64V。满足逆变器 MPPT 工作电压要求，同时组件的开路电压小于逆变器最大输入电压要求

500kW 光伏发电系统共需要组件串为 1887/21≈89.86，这里取 90 串，所以 1MW 光伏发电系统则需用 180 串。（180×21×265W=1001700W）

若考虑温度的对组件电压的影响，徐州地区冬季的最低气温可达 -10℃，则有

$$N \leqslant \frac{U_{\text{dcmax}}}{U_{\text{oc}}[1+(t'-25)Kv]} = \frac{1000}{38.84 \times [1+(-10-25)\times(-0.3\%)]} \approx 23.30$$

取 21 块组件为一串也满足要求。

设计中采用 500kWp 作为一个独立并网发电子系统，共有两个独立并网发电系统组成 1MWp 并网系统。经计算最终确定光伏阵列串联数目及系统容量，光伏发电系统组件配置如表 4-5 所示。两个组件串形成一个方阵，可安装在一组支架上，共需 90 组支架。光伏阵列的最佳倾角为 30°，方位角为正南方向，支架采用固定安装形式。

表 4-5　光伏发电系统组件配置

发电子系统容量 /kWp	组件型号	子阵列组件 串联数目	子阵列组件 并联数目	需要组件数 /块	计算阵列容量 /kWp
500	AD265Q6-Ab	21	90	1890	500.85
1000	AD265Q6-Ab	21	180	3780	1001.70

3. 直流汇流的选型

本系统选用某公司生产的 16 路防雷汇流箱，汇流箱电路框图如图 4-28 所示，参数如表 4-6所示。

500kW 光伏发电系统共需要直流汇流箱数目为 90/16≈5.63，这里取 6，所以 1MW 光伏发电系统则需用 12 个直流汇流箱。

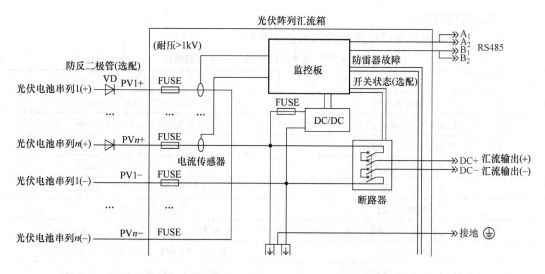

图 4-28　某公司生产的 16 路防雷汇流箱电路框图

表 4-6　某公司生产 16 路防雷汇流箱参数

参数名称	参数情况	参数名称	参数情况
最大光伏阵列电压	DC 1000V	宽深高	680mm×400mm×190mm
最大光伏阵列并联输入路数	16	直流总输出熔断器	是
每路熔丝额定电流	10A/15A	光伏专用防雷模块	是
输入电缆	4~6mm^2	防雷器失效监测	是
输出电缆	70mm^2	PV 电池板供电	是
防护等级	IP55	通信接口	是
环境温度	−40~+60℃	断路器状态监测	选配
环境湿度	0~99%	MC4 端子电缆接头	选配

4. 直流配电柜的选型

直流配电柜主要是将汇流箱输出的直流电缆接入后进行汇流，再接至并网逆变器。本系统选用某公司生产的 500K 直流配电柜，如图 4-29 所示。该配电柜含有直流输入断路器、防反二极管、光伏防雷器等。500kW 光伏发电系统需要 1 台直流配电柜，6 路直流汇流箱过来的直流电经配电柜汇注流后，接至 500kWMX 光伏逆变器。

5. 升压变压器的选型

本系统采用一次升压设计方案，选用 2 台 SG500KMX 并网逆变器经 1 台 10kV 双分裂升压变压器（0.315/0.315/10kV，1000kV·A）接入本地的 10kV 中压电网，实现并网。

图 4-29　某公司生产的 500K 直流配电柜

6. 导线电缆的选型

1MW 光伏发电系统导线电缆的选择如表 4-7 所示。

表 4-7 1MW 光伏发电系统导线电缆的选择

导线用处	导线型号
光伏组件至汇流箱	电缆 YJVR22 $-1kV-2\times4mm^2$
汇流箱至直流配电柜	电缆 YJV22 $-1kV-2\times70mm^2$
直流配电柜至逆变器	电缆 YJV $-1kV-6\times300mm^2$
逆变器至变压器	电缆 YJV $-1kV-3\times185mm^2$
10kV 进网电缆	电缆 YJV22 $-10kV-3\times50mm^2$
光伏组件接地线	电缆 BV $-1\times2.5mm^2$
交直流电源、计量电流电压用	电缆 ZR $-KVVP2-22/0.75kV-4\times4mm^2$
控制及信号用	电缆 ZR $-KVVP2-22/0.75kV-4\times2.5mm^2$
汇流箱、厂用变引至数据采集柜	通信电缆 DJVP3V22 $-2\times2\times1.0mm^2$
升压变、直流柜引至数据采集柜，串口智能设备至监控接口设备	通信电缆 ZR $-RVVP\ 2\times1.0mm^2$

任务 4.2 1MW 光伏发电系统施工

4.2.1 光伏阵列支架安装

1. 地面光伏电站阵列支架的基础形式

地面光伏电站阵列支架基础形式如图 4-30 所示，各种支架基础适应情况如表 4-8 所示。

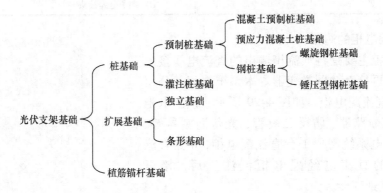

图 4-30 地面光伏电站阵列支架基础形式

2. 各种基础简介

（1）预制钢筋混凝土桩

预制钢筋混凝土桩（如图 4-31 所示）采用直径约为 $300mm^2$ 的预应力混凝土管桩或截面尺寸约 $200mm\times200mm$ 预制钢筋混凝土方桩打入土中，顶部预留钢板或螺栓与上部支架前后立柱连接。

表 4-8　各种支架基础适应情况

岩土条件		支架基础类型 螺旋桩	型钢桩	混凝土预制桩	预应力混凝土桩	灌注桩	混凝土独立基础	混凝土条形基础	锚杆基础
岩石	残积土	○	○	△	△	△	△	△	×
	全风化	○	○	△	△	△	△	△	×
	强风化	×	×	×	×	○	△	△	○
	中等风化~未风化	×	×	×	×	×	×	×	○
碎石土	漂石、块石	×	×	×	×	○	△	△	○
	卵石、碎石	△	△	×	×	○	○	○	○
	圆砾、角砾	○	△	×	×	○	○	○	○
砂土 密实程度	松散~稍密	○	○	△	△	△	△	△	×
	中密~密实	○	○	×	×	△	△	△	×
粉土	稍密~密实	○	○	△	△	△	△	△	×
晶土	流塑~软塑	△	×	○	○	×	×	×	×
	可塑~坚硬	○	○	△	△	△	△	△	×
地下水	有	—	—	—	—	×	×	×	×
	无	—	—	—	—	○	○	○	○

注：1. 表中符号○表示适用；△表示可以采用；×表示不适用；—表示此项无影响。

2. 表中桩基础指的是微型短桩，其他桩基础应按现行行业标准《建筑桩基技术规范》（JGJ 94）的相关规定进行选择。

3. 对于岩石植筋锚杆基础尚应要求岩石的完整程度为较完整~完整，且适用于岩石直接出露的场区。

4. 寒冷、严寒地区冬季施工不宜采用现浇施工工艺。

优点：可批量制作，施工更为简单、快捷，施工速度快；施工不存在填挖方，仅需简单场平。

缺点：造价相对较高；采用静压或锤击设备将桩体挤压入土内时，桩体可能会引发灌注桩断桩、缩颈等质量事故，需对桩顶采用钢筋网加固，增加造价，且垂直度不易保证。

适用环境：多用于淤泥质土、黏性土、填土和湿陷性黄土等。

（2）现浇钢筋混凝土桩

图 4-31　预制钢筋混凝土桩

现浇钢筋混凝土桩如图 4-32 所示。采用直径约 300mm^2 的圆形现场灌注短桩作为支架生根的基础，桩入土长度约 2m（桩入土的长度可根据土层力学性质决定），露出地面 300~500mm，顶部预埋钢板或螺旋与前、后立柱相连。这种基础施工过程简单，速度较快，先在土层中成孔，然后插入钢筋，再向孔内灌注混凝土即可。

优点：成孔较为方便，可以根据地形调整基础顶面标高，顶标高易控制，混凝土钢筋用量小，开挖量小，节约材料、造价较低、施工速度快；对原有植被破坏小。

缺点：对土层的要求较高，适用于有一定密实度的粉土或可塑、硬塑的粉质黏土中，不适用于松散的砂性土层中，土质较硬的鹅卵石或碎石可能存在不易成孔的问题。

施工流程如图 4-33 和图 4-34 所示，适用于一般填土、黏性土、粉土和砂土等环境场所。

图 4-32　现浇钢筋混凝土桩

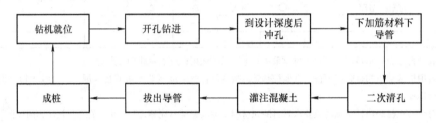

图 4-33　$\Phi > 600\text{mm}$ 钻孔灌注桩的工艺流程

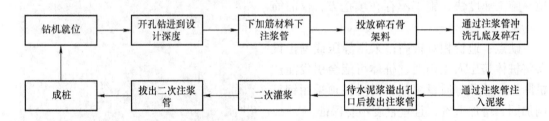

图 4-34　$\Phi < 400\text{mm}$ 钻孔灌注桩的工艺流程

（3）螺旋钢桩基础

螺旋钢桩基础如图 4-35 所示。在光伏支架的前后立柱下面采用带螺旋叶片的热镀锌钢管桩，旋转叶片可大可小、可连续可间断，旋转叶片与钢管之间采用连续焊接。

图 4-35　螺旋钢桩基础

施工过程中采用专业机械将其旋入土体中。

安装过程：在安装场地测量好距离，直接用液压打桩机（如图 4-36 所示）将立柱打入地下，螺旋桩基础上部露出地面，与上部支架之间采用螺杆连接。通过钢管桩桩侧与土壤之间的侧摩阻力，尤其是旋转叶片与土体之间的咬合力抵挡上拔力及承受垂直荷载，利用桩体、螺旋叶片与土体之间桩土相互作用抵抗水平荷载。

图 4-36 液压打桩机

优点：此种方式具有施工速度快、适应性强、性价比高、不受季节气温等限制、地桩拔除方便、不影响安装等优点。

缺点：用钢量较大，且需要专门的施工机械，造价相对较高；基础水平承载能力与土层的密实度密切相关，要求土层具有一定的密实性，特别是接近地面的浅土层不能够太松散；螺旋桩基础的耐腐蚀性较差，尽管可以采用加厚热镀锌，但不适用于有较强腐蚀性地基及岩石地基。

适用环境：适用于沙漠、草原、滩涂、戈壁、冻土环境场所。

（4）岩石植筋锚杆基础

岩石植筋锚杆基础如图 4-37 所示，是把热轧肋钢筋固定于灌细石混凝土的岩石孔洞内，借助岩石、细石混凝土、带肋钢筋之间的黏结力来抵抗上部结构传来的外力，是由设置于岩土中的锚杆和与锚杆相连的混凝土承台或型钢承压板共同组成的基础。

图 4-37 岩石植筋锚杆基础

适用环境：适用于直接建设在基岩上的柱基以及承受拉力及水平力较大的建筑物基础。岩石锚杆是置于岩土体中并与岩土体紧密接触的杆件。

（5）钢筋混凝土条形基础

参见项目 1 中 1.2.1 内容。

（6）水泥基础预埋螺栓

如果安装场地不适合做插入式地桩，可以选择做水泥基础，将支架放在水泥基础上，用螺栓固定。水泥基础预埋螺栓的示意图如图 4-38 所示。此种方式具有强度好、精度高、对地面适应性强等优点。

另外一种做水泥基础的形式，就是直接将支架和水泥浇筑在一起，其示意图如图 4-39 所示（直接浇筑水泥）。此种方式省去了做螺栓连接固定的时间，但是浇筑时对支撑柱的定位精度要求较高。此种方式也具有强度好、精度高、对地面适应性强等优点。

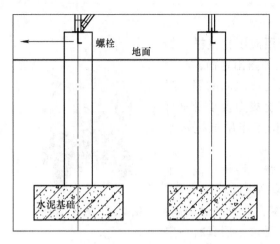
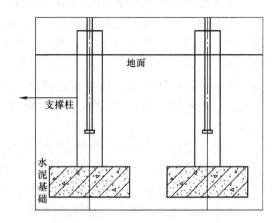

图 4-38 水泥基础预埋螺栓的示意图　　　图 4-39 直接浇筑水泥的示意图

3. 光伏支架的安装

（1）土建工程

必须按施工图设计要求的位置设置光伏阵列支架的基础。支架基础强度应满足抗恶劣环境的要求；基础不会发生沉降和变形；基础的水平和垂直度满足设计要求。其施工步骤如下。①按图样要求进行画线定位，如图 4-40 所示；②用大型机械设备进行基坑开挖，如图 4-41 所示；③进行混凝土基础施工，如图 4-42 所示。

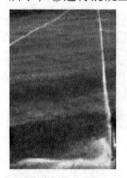

图 4-40　画线定位　　　　图 4-41　基坑开挖　　　　图 4-42　混凝土基础施工

（2）光伏支架的安装

安装步骤如下。

1）根据施工图样要求，画线确定立柱安装位置，保证立柱整齐划一。

2）在确定的位置使用专用电锤钻打孔，按照规格选择钻头尺寸，根据锚栓尺寸确认钻孔深度，如图 4-43 所示，并将膨胀螺栓打入孔中。

3）将支架底座固定在膨胀螺栓上或者预埋的螺栓上，如图 4-44 所示。

4）将立柱固定在底座上，如图 4-45 所示。

5）将主梁通过槽钢锁扣和六角螺栓连接，安装主梁如图 4-46 所示。采用拉线方式，调节并确保高度一致。

6）通过内六角专用螺栓安装次梁，如图 4-47 所示。

7）安装边扣夹和中扣夹，如图4-48所示。将边扣夹滑入槽钢，用槽钢锁扣固定到槽钢上；将中扣夹滑入槽钢，用槽钢锁扣固定到槽钢上。

图4-43　电锤钻打孔　　　　图4-44　固定支架底座　　　　图4-45　固定立柱

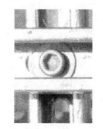

图4-46　安装主梁　　　　图4-47　安装次梁　　　　图4-48　安装边扣夹和中扣夹

4.2.2　光伏组件安装

1. 光伏组件检验

组件检验合格后，才能进行光伏组件的安装。光伏组件应无变形，玻璃无损坏、划伤和裂纹；测量光伏组件在阳光下的开路电压，组件输出端与标识正负应吻合。组件正面玻璃无裂纹和损伤，背面无划伤毛刺等；单块光伏组件的开路电压应符合组件名牌上规定电压值。

2. 光伏组件安装

光伏组件安装应自下而上先安装两端四块组件，校核尺寸、水平度、对角线方正后拉通线安装中间组件，如图4-49所示。先安装上排组件，再安排下排组件。每块组件与横梁固定采用4个压块坚固，旁边为两个单压块，中间为两个双压块，压块螺栓片的牙齿必须与横梁"C"形钢卷边槽平稳咬合，结合紧密端正，光伏组件受力均匀。

安装过程中必须轻拿轻放以免破坏表面的保护玻璃。光伏安装必须做到横平竖直、间隙均匀、表面平整、固定牢靠。同方阵内的组件边线保持一致。注意组件的接线盒的方向，采用"头对头"的安装方式，汇线位置刚好在中间方便施工。

3. 光伏组件分区原则

每一个厂家生产的相同峰值的组件安装在一个方阵区；不足一个方阵的相同峰值的组件保证一个汇流箱组串的电池组件同厂同峰值。这样安装组件可以最大限度地提升整个光伏电站的发电量。

边压块 　　　　　中压块

图 4-49　光伏组件安装

4.2.3　直流汇流箱安装

见生产商提供的安装手册。

4.2.4　光伏逆变器安装

见生产商提供的安装手册。

任务 4.3　1MW 光伏发电系统运维

4.3.1　系统调试前检测

1. 光伏组件串检测

（1）检查项目

检查组件表面有无脏物，连接电缆是否破损，支架有无腐蚀生锈，接地线有无破损，接地端子是否松动等。

（2）测试项目

绝缘测试：用 500V 绝缘电阻表测试光伏组件外壳与输出绝缘电阻（测试 1min），此值应大于 10MΩ。

组件串开路电压测试：此值应等于单个光伏组件的 N（串联数）倍。若测得组件串两端开路电压与理论值相差过大，可逐个检查组件的开路电压及连接情况，排除故障。

2. 直流汇流箱的检测

（1）检查项目

检查箱体表面有无破损、生锈，连接电缆有无破损，接线端子是否松动；开关动作是否灵活，防雷模块是否正常。

（2）测试项目

主要进行绝缘电阻测试。断开防雷器，用 1000V 绝缘电阻表测试正负极与外壳间的绝缘电阻值（测试 1min），此值应在大于 10MΩ。

3. 直流配电柜的检测

（1）检查项目

检查柜体表面有无破损、生锈，连接电缆有无破损，接地端子是否牢固，各开关动作是否灵活，防雷模块是否正常。

（2）测试项目

绝缘电阻测试：断开防雷器，用 1000V 绝缘电阻表测试柜外壳与接地之间绝缘电阻值（测试 1min），此值应在大于 10MΩ。

开路输入电压测试：此电压应与组件串开路电压一致。

4. 逆变器的检测

（1）检查项目

检查柜体表面有无破损、生锈，连接电缆有无破损，连接端子是否牢固，接线是否正确；接地线是否破损，接地端子是否牢固；辅助电源连接是否正确；逆变器自检是否正常；各开关动作是否灵活；防雷模块是否正常。

（2）测试项目

绝缘电阻测试：断开防雷器，用 1000V 绝缘电阻表测试直流输入线与外壳之间绝缘电阻值（测试 1min），此值应大于 2MΩ。

直流侧开路电压：此电压应与组件串开路电压一致。

交流侧输出电压：交流输出电压在 310V 左右。

5. 升压变压器的检测

（1）检查项目

检查变压器表面有无破损，温度、过载保护开关动作是否正常。

（2）测试项目

主要进行绝缘电阻测试。断开防雷器，高压侧用 2500V 绝缘电阻表测试绕组与接地间的绝缘电阻值（测试 1min），此值应在大于 10MΩ；高压侧用 500V 绝缘电阻表测试绕组与接地间的绝缘电阻值（测试 1min），此值应在大于 10MΩ。

6. 接地系统的检测

（1）检查项目

检查电缆有无破损；是否接地；接地线制作是否符合规范；各设备与大地是否连接牢固等。

（2）测试项目

接地电阻是否满足要求。

4.3.2 系统调试

1. 调试前准备工作

1）系统调试前，应具备设备平面布置图、接线图、安装图、系统图以及其他必要的技术文件。

2）调试负责人员必须由有资格的专业技术人员担任，所有调试人员应职责明确，按照调试要求调试前的准备。

3）调试前应按设计要求查验设备的规格、型号、数量、备品备件等。

4）设备在通电前要注意供电的电压、极性、相位等。

5）检查所有设备的开关全都设置在断路位置。

2. 供电操作顺序

（1）合闸顺序

合上阵列汇流箱开关→检查直流配电柜直流输入电压→合上变压器低压侧开关→合上逆变器辅助电源开关→合上逆变器直流输入开关→合上直流配电柜输出开关→合上逆变器输出交流开关。

（2）断电顺序

断开逆变器输出交流开关→断开逆变器直流输入开关→断开直流配电柜输出开关→断开逆变器辅助电源开关→断开变压器低压侧开关。

（3）紧急时断电顺序

断开站用电源逆变器辅助电源供电开关→断开逆变器交流输出开关→断开直流配电柜直流输出开关→根据情况断开变压器开关或直流配电柜开关→排除故障（注意：变压器停电放电后才能进行检查）。

4.3.3 系统运行

运行光伏发电系统，主要应做好以下工作。

1）监视电站设备的主要运行参数、统计电站发电量和接受电网调度指令。光伏电站的监测如图4-50所示。

2）巡视检查电站设备的状态，检查电池组件、支架的完好和污染程度，检查电气设备的运行情况。光伏电站的巡视检查如图4-51所示。

图4-50 光伏电站的监测

图4-51 光伏电站的巡视检查

3）根据电网调度指令和检修工作要求，进行电气设备停送电倒闸操作。

4.3.4 系统维护

1. 光伏组件和支架的维护

1）应保持光伏组件表面的清洁。应使用干燥或潮湿的柔软洁净的布料擦拭光伏组件，如图4-52所示。或先用清水冲洗，然后用干净的纱布将水迹擦干。一般应至少每月清扫一次。严禁使用腐蚀性溶剂或用硬物擦拭光伏组件。应在辐照度低于 $200W/m^2$ 的情况下清洁光伏组件，不宜使用与组件温差较大的液体清洗组件。遇到风沙和积雪后，应及时进行清扫。

2）应定期检查光伏组件，若发现下列问题，则应立即调整或更换光伏组件。

① 光伏组件存在玻璃破碎、背板灼焦、明显的颜色变化等。

② 在光伏组件中，存在与组件边缘或任何电路之间连通通道的气泡。

③ 光伏组件接线盒变形、扭曲、开裂或烧毁，接线端子无法良好连接。

3）使用金属边框的光伏组件，边框和支架应结合良好，两者之间的接触电阻应不大于4Ω，边框必须有牢固支架。要定期检查太阳能电池方阵的金属支架有无腐蚀，并根据当地具体条件定期进行油漆。方阵支架应良好接地。支架的所有螺栓、焊缝和支架连接应牢固可靠，并接地。

图4-52　光伏组件的清洁

4）光伏阵列周围环境。值班人员应注意光伏阵列周围有没有新生长的树木、新立的电杆等遮挡太阳光的地物，以免影响太阳能电池组件充分地接收太阳光。一经发现，要报告电站负责人，及时加以处理。

2. 直流汇流箱的维护

1）直流汇流箱不得存在变形、锈蚀、漏水和积灰的现象，箱体外表面的安全警示标识应完整无破损，箱体上的防水锁起闭应灵活。

2）直流汇流箱内各个接线端子不应出现松动、锈蚀现象。

3）应定期检查熔断器，若发现熔断器开路，则应及时更换相同规格的熔断器。

4）直流输出母线的正极对地、负极对地的绝缘电阻应大于$2M\Omega$。

5）直流输出母线端配备的直流断路器的分断功能应灵活、可靠。

6）直流汇流箱内防雷器应有效。为防止防雷模块失效，应对其工作状态做定期的检查。特别是雷电过后，应及时检查。如发现面板上的故障指示灯由"绿色"变为"红色"时，应及时与销售商或生产商联系。

3. 直流配电柜的维护

1）直流配电柜不得存在变形、锈蚀、漏水和积灰的现象，箱体外表面的安全警示标识应完整无破损，箱体上的防水锁开起应灵活。

2）直流配电柜内各个接线端子不应出现松动、锈蚀现象。

3）直流输出母线的正极对地、负极对地的绝缘电阻应大于$2M\Omega$。

4）直流配电柜的直流输入接口与汇流箱的连接应稳定可靠。

5）直流配电柜的直流输出与逆变器直流输入处的连接应稳定可靠。

6）直流配电柜内的直流断路器动作应灵活，性能应稳定可靠。

7）直流母线输出侧配置的防雷器应有效。

4. 逆变器的维护

1）逆变器结构和电气连接应保持完整，不应存在锈蚀、积灰等现象，散热环境应良好，逆变器运行时不应有较大振动和异常噪声。

2）逆变器上的警示标识应完整无破损。

3）逆变器中模块、电抗器、变压器的散热器风扇应能根据温度自行起动和停止，散热风扇运行时不应有较大振动及异常噪音，如有异常情况应断电检查。

4）定期将交流输出侧（网侧）断路器断开一次（逆变器会立即停止向电网馈电）。

5. 交流配电柜的维护

1）确保配电柜的金属架与基础型钢应用镀锌螺栓完好连接，且防松零件齐全。

2）母线接头应连接紧密，无变形，无放电变黑痕迹，绝缘无松动和损坏，紧固连接螺栓无生锈。

3）把各分开关柜从抽屉柜中取出，紧固各接线端子。检查电流互感器、电流表、电度表的安装和接线，手柄操作机构应灵活可靠，紧固断路器进出线，清洁开关柜内和配电柜后面引出线处的灰尘。

4）检验柜、屏、台、箱、盘间线路的线间和线对地间绝缘电阻值，馈电线路必须大于 $0.5M\Omega$；二次回路必须大于 $1M\Omega$。

6. 电缆的维护

1）电缆不应在过负荷的状态下运行，电缆的铅包不应出现膨胀、龟裂等现象。

2）电缆在进出设备处的部位应封堵完好，不应存在直径大于 10mm 的孔洞，否则用防火堵泥封堵。

3）在电缆对设备外壳压力、拉力过大的部位，其电缆的支撑点应完好。

4）电缆保护钢管口不应有穿孔、裂缝和显著的凹凸不平，内壁应光滑；金属电缆管不应有严重锈蚀；不应有毛刺、硬物、垃圾，如有毛刺，锉光后，应用电缆外套包裹并扎紧。

5）应及时清理室外电缆井内的堆积物、垃圾；如电缆外皮损坏，应进行处理。

6）检查室内电缆明沟时，要防止损坏电缆；确保支架接地与沟内散热良好。

7）直埋电缆线路沿线的标桩应完好无缺；路径附近地面无挖掘；确保沿路径地面上无堆放重物、建材及临时设施，无腐蚀性物质排泄；确保室外露地面电缆保护设施完好。

8）确保电缆沟或电缆井的盖板完好无缺；沟道中不应有积水或杂物；确保沟内支架牢固、无锈蚀和松动现象；铠装电缆外皮及铠装不应有严重锈蚀。

9）对多根并列敷设的电缆，应检查其电流分配和电缆外皮的温度，防止因接触不良而引起电缆烧坏连接点。

10）确保电缆终端头接地良好，绝缘套管完好、清洁、无闪络放电痕迹；确保电缆相色明显。

习　题

现有徐州某河滩地约 700 亩，设计容量为 20MW 的并网光伏发电系统，采用 35kV 并网。

1）完成系统的设计与选型（光伏组件、光伏逆变器、光伏汇流箱、控制柜、变压器等选型）。要有具体设计或计算过程，要有选择依据，并通过网络查询相关型号。

2）完成系统施工、测试、运行、维护方案。

附录 PVsyst 6 软件简介

PVsyst 6 是一款光伏系统设计辅助软件，用于指导光伏系统设计和对光伏系统发电量进行模拟计算。

其主要功能如下。

1）设定光伏系统种类：可用于设计并网光伏发电系统、离网光伏发电系统、抽水系统和 DC 网络光伏系统。

2）设定光伏组件的排布参数：固定方式、光伏方阵倾斜角、行距和方位角等。

3）架构建筑物对光伏系统遮阴影响评估、计算遮阴时间及遮阴比例。

4）模拟不同类型光伏系统的发电量及系统发电效率。

5）研究光伏系统的环境参数。

下面以 PVsyst 6 为例介绍其使用情况。

1. 主页面介绍

运行 PVsyst 6 软件，出现如附图 1 所示的主界面。最上端是菜单栏，左侧自上至下分别是初步设计、项目详细设计、数据库及工具，中间为简要描述，右侧自上至下分别为光伏并网系统、光伏独立系统及光伏水泵系统。

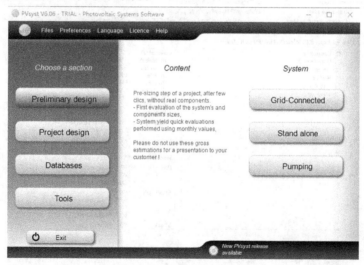

附图 1 PVsyst 6 主界面

2. 认识菜单栏

菜单栏主要包括文件菜单（File）、参数设置菜单（Preferences）、语言设置（Language）、版本信息（Licence）和帮助（Help）。

（1）文件菜单（File）

第一栏为文件菜单栏，点开文件菜单栏，出现如附图 2 所示页面。

点开工作空间选项，如附图 3 所示。工作空间包含了用户创造的所有数据，在这里可以导出软件的日志文件。日志文件主要用来追踪程序的动作及保存错误信息，导出此文件的主要目的是和 PVsyst 软件开发团队联系来解决软件运行问题。在最下面可以新建、导出、导入及切换工作空间，可以用此功能来方便和别人交换使用彼此的数据信息。如果只想导入或导出工作空间里的部分数据，如工程文件和单元数据，需要用到 Import projects/components Export projects/components 命令。

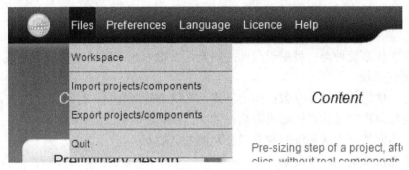

附图 2　文件菜单（File）

附图 3　工作空间选项

（2）偏好参数选择设置（Preferences）

第二栏为偏好参数选择设置栏，单击 Preferences，出现如附图 4 所示界面。单击下拉菜单中的 Preferences 选项，出现如图附图 5 所示界面，第一组为用户信息和 Logo 的设置；第二组为语言选择，如附图 6 所示，PVsyst 官方是推介语言为英文，一般选择默认；第三组为选择默认单位及每次打开软件时加载的选择，如附图 7 所示；第四组为辐射模型的选择，通常保持默认选择第二项模型，如附图 8 所示；第五组里可以定义表头信息，如附图 9 所示；第六组里为复制的一些选项，可以选择分辨率和复制黑白还是彩色信息，如附图 10 所示；第七组是选择是否产生日志文件，如附图 11 所示，保持默认就可以。

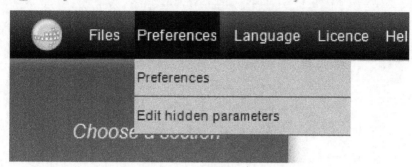

附图 4　偏好参数选择设置（Preferences）

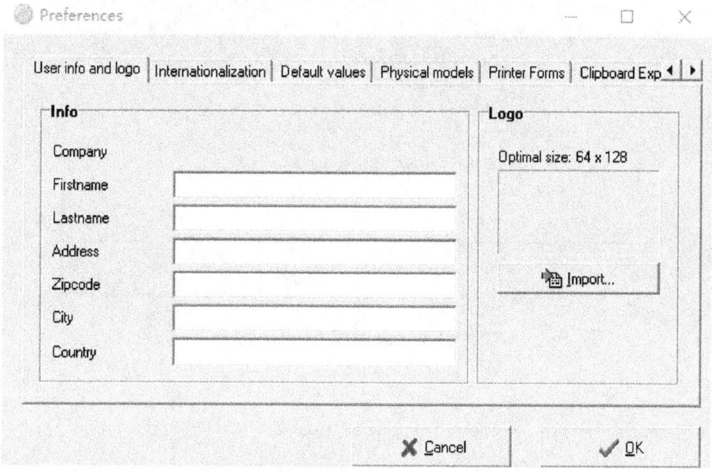

附图 5　用户信息和 Logo 设置

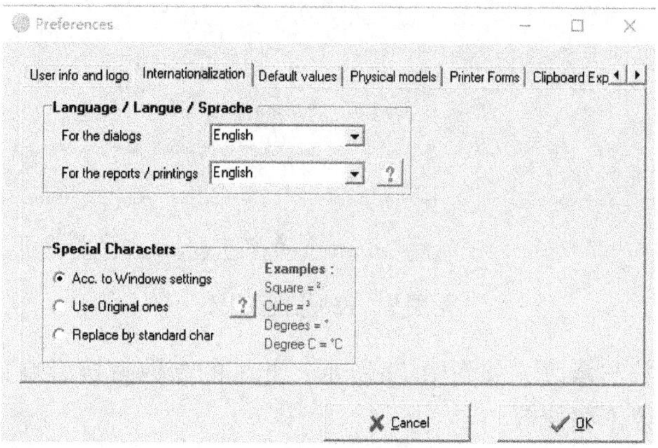

附图 6　语言选择

附图 7　默认单位的选择

附图 8　辐射模型的选择

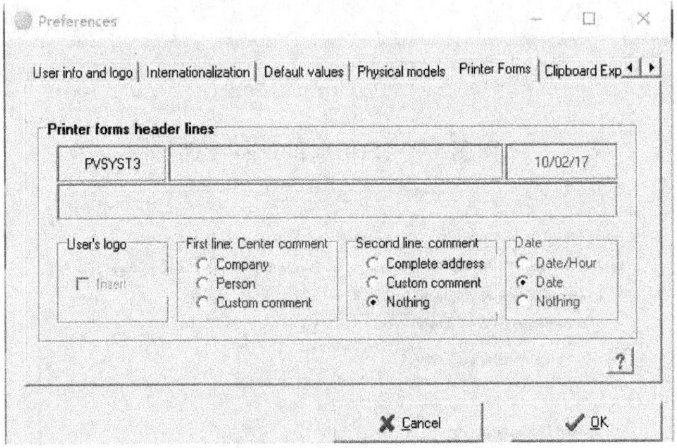

附图 9　表头信息定义

　　第二项是默认参数的修改，如附图 12 所示，此处的参数直接影响到计算结果的准确性，所以如果不太确定建议不要修改。

　　（3）语言栏设置（Language）

　　第三栏是语言栏，如附图 13 所示，一般选第一选项——英语。

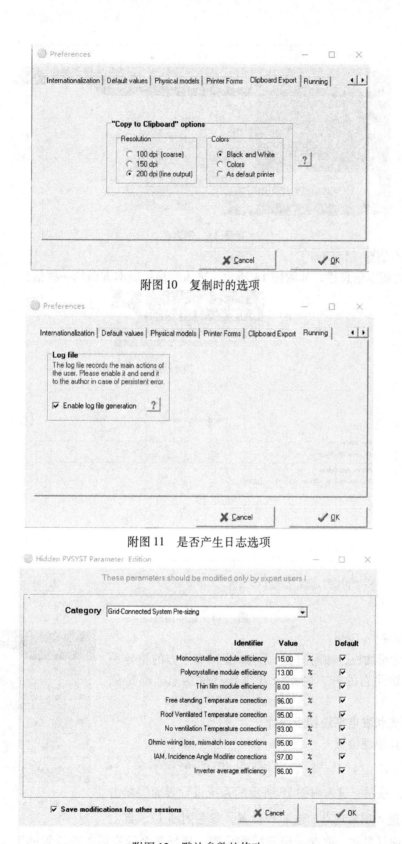

附图10　复制时的选项

附图11　是否产生日志选项

附图12　默认参数的修改

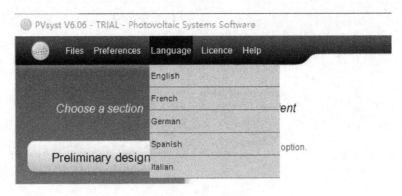

附图 13　语言栏

（4）版本信息（Licence）

第四栏为版本信息栏，如附图 14 所示，进入后显示版本方面的一些信息。

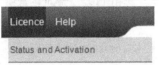

Content

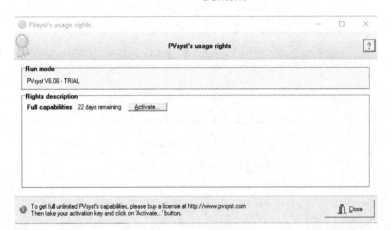

附图 14　版本信息

（5）帮助栏（Help）

第五栏为帮助栏，如附图 15 所示。里面有官方的指导手册，还可以访问它的官方网站以及更新软件信息，都是免费的。

3. 并网光伏发电系统初步设计

（1）选择地理位置

参考附图 1，按顺序分别单击 Preliminary design →

Grid-Connected 按钮，进入附图 16 所示的系统设计界面。单击

Location 按钮进入项目地点的选取和设置，参考附图 17，自上

至下分别为项目名称、地点（国家）和位置。选择某个国家后，在位置的下拉菜单中将出

附图 15　帮助栏

现系统自带的地点，如项目地点在这里可以找到，直接选取就可以了。如系统中没有，则需重新建立。现以徐州（东经 117.18°、北纬 34.24°、海拔 41m、时区为 8）为例说明建立过程。

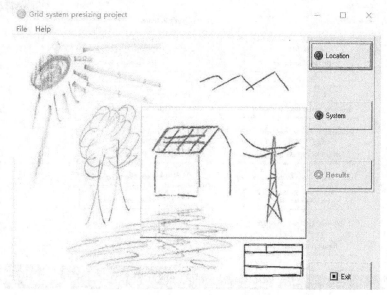

附图 16 系统设计界面

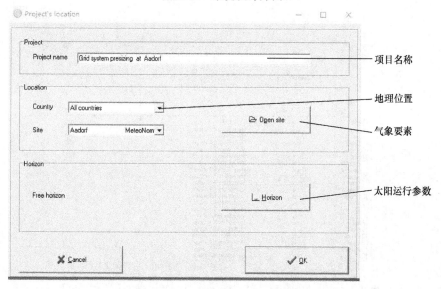

附图 17 地点的选取和设置

参考附图 1，单击 Databases 按钮，进入附图 18 所示界面。单击 Geographical sites 按钮，进入附图 19 所示界面；单击底部 New 按钮，进入附图 20 所示界面；单击 Geographical Coordinates 按钮，参考附图 21，填入经度、纬度、海拔及时区，选择气象台数据 Meteonorm 6.1 NASA-SSE，单击 Import 按钮，出现附图 22 所示界面；单击 确定 按钮，出现附图 23 所示界面；单击 OK 按钮，出现附图 24 所示界面；单击 Save

按钮后，系统中便有了徐州的气象资料了，以后使用可以直接调用。

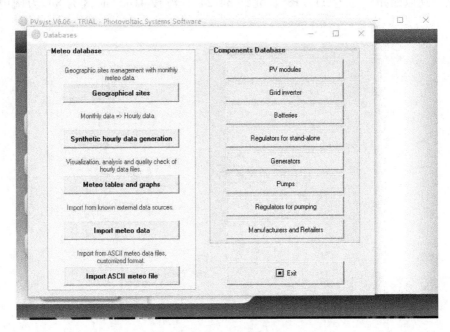

附图 18　加入徐州气象信息 1

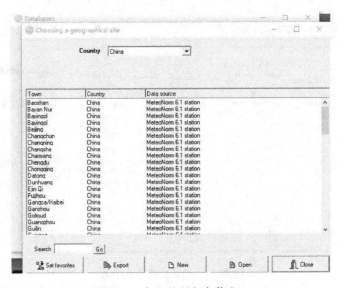

附图 19　加入徐州气象信息 2

按顺序分别单击 Preliminary design → Grid-Connected 选项，进入附图 16 所示系统设计界面。单击 Location 选项进入项目地点的选取和设置，参考附图 25，填入项目名称，选择国家、地点等信息，单击 OK 按钮。

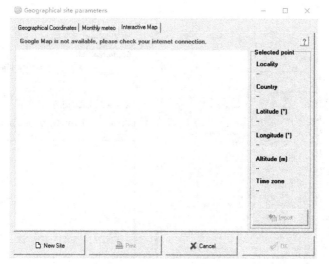

附图 20　加入徐州气象信息 3

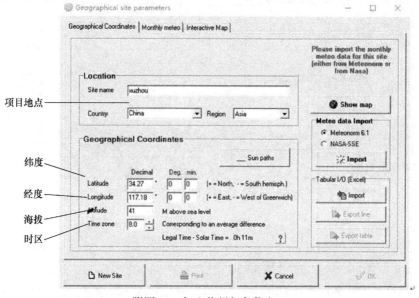

附图 21　加入徐州气象信息 4

Information　　　　　　　　　　　　　　　　　　　✕

　The Meteonorm data for the position
Latitude = 34.3?
Longitude = 117.2?
Altitude = 41 m
are now stored in your site.

附图 22　加入徐州气象信息 5

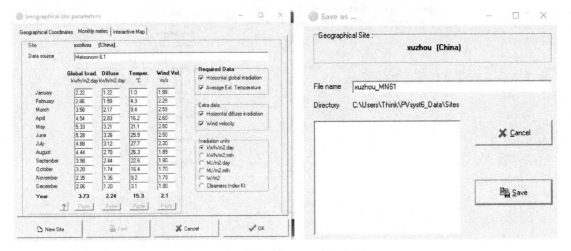

附图23　加入徐州气象信息6　　　　　　　　　附图24　加入徐州气象信息7

附图25　3kW并网光伏发电系统项目名称、地点信息

（2）光伏发电系统基本参数设置

参考附图16所示的系统设计界面，单击 System 按钮，进行系统参数设置，如附图26所示，左侧阵列设计数，自上至下分别是有效面积、功率、年发电量，右侧是阵列倾角、方位角的设置。方位角一般取0°。单击倾角最大优化按钮 Show Optimisation ，出现如附图27所示界面，自上至下分别为全年最优、夏季最优、冬季最优。并网发电系统默认选择全年最优，水泵系统默认选择夏季最优，独立系统默认选择冬季最优。此处选择全年最优。也可通过调整倾角旁边的小三角或直接输入度数来调整倾角和方位角，参见附图28，使FT（斜面辐射与水平辐射比）、损失比及倾斜面辐射最大为最优。

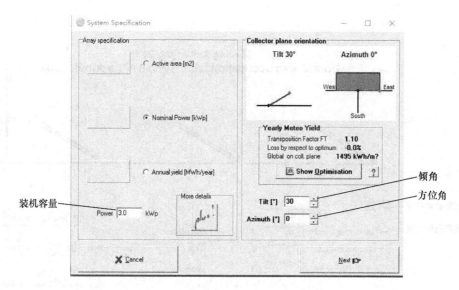

附图 26　系统设计界面

（3）安装方式及行距设置

单击 按钮，进行阵列安装方式选择，如附图 29 所示，自上至下分别为固定安装、棚式安装、遮阳式安装。下面以棚式安装为例进行介绍。单击 Sheds disposition 选项，进行棚式安装设计界面，如附图 30 所示。

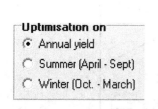

附图 27　最大优化选项

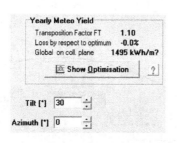

附图 28　阵列倾角设置

附图 29　阵列安装方式选项

单击 Show Optimisation 按钮，查看排布下的遮挡情况及损失情况，如附图 31 所示。

（4）光伏系统其他参数设置

如附图 26 所示，单击 Next 按钮进行其他参数设置，如附图 32 所示。

（5）初步设计结果

如附图 16 所示，单击 Results 按钮进行初步设计结果界面，如附图 33～附图 35 所示，主要的参数有各月的地面辐照度、倾斜面上辐照度、发电量。可以调整不同的参数，对比初步项目的发电量。

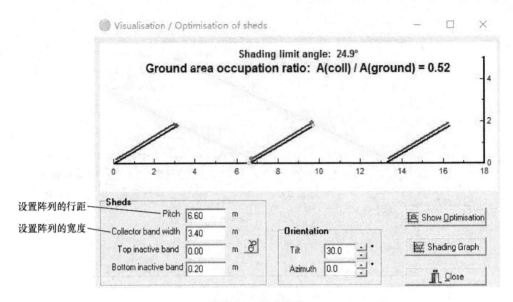

附图30　棚式安装

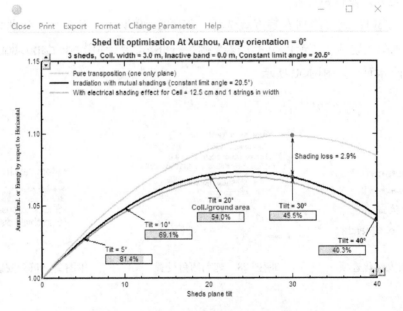

附图31　排布下的遮挡情况及损失情况

4. 离网光伏系统初步设计

结合附图1所示，单击 [Preliminary design] → [Stand alone] ，进行离网光伏发电系统初步设计界面，如附图16所示。单击 [Location] 选项进入项目地点的选取和设置，如附图36所示，自上至下分别为项目名称、地点（国家）和位置。选择某个国家后，在位置的下拉菜单中将出现系统自带的地点，如项目地点在这里可以找到，直接选取就可以了。单击 [OK] 按钮即可。如系统中没有，则需重新建立。

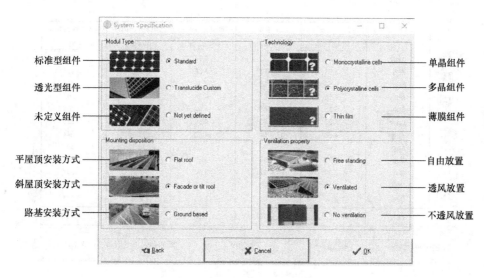

标准型组件 — Standard
透光型组件 — Translucide Custom
未定义组件 — Not yet defined

平屋顶安装方式 — Flat roof
斜屋顶安装方式 — Facade or tilt roof
路基安装方式 — Ground based

单晶组件 — Monocrystalline cells
多晶组件 — Polycrystalline cells
薄膜组件 — Thin film

自由放置 — Free standing
透风放置 — Ventilated
不透风放置 — No ventilation

附图 32 光伏系统参数设置

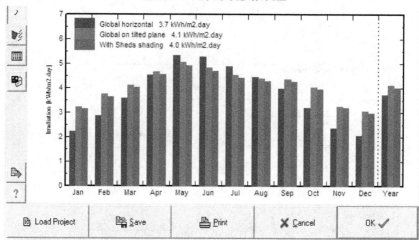

Global horizontal   3.7 kWh/m2.day
Global on tilted plane   4.1 kWh/m2.day
With Sheds shading   4.0 kWh/m2.day

附图 33 初步设计计算结果 1

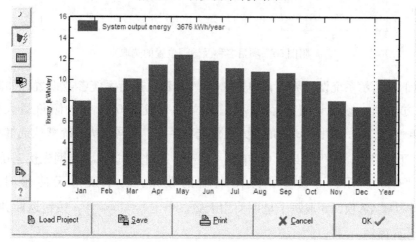

System output energy   3676 kWh/year

附图 34 初步设计计算结果 2

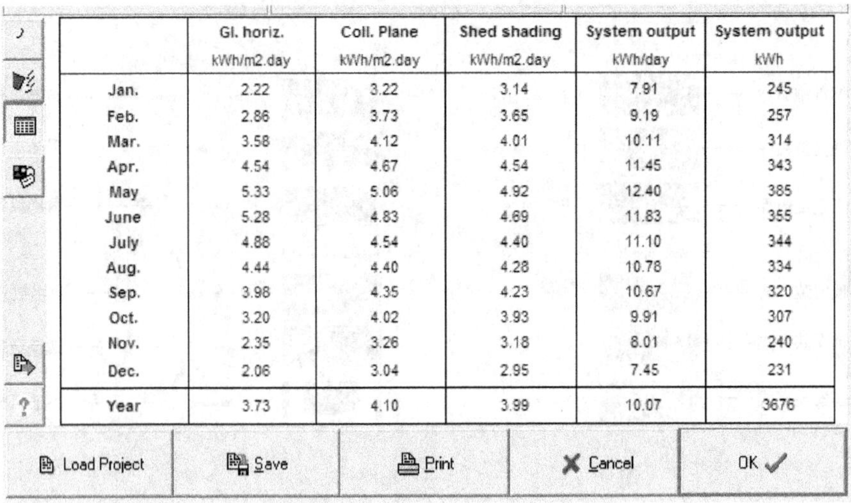

	Gl. horiz. kWh/m2.day	Coll. Plane kWh/m2.day	Shed shading kWh/m2.day	System output kWh/day	System output kWh
Jan.	2.22	3.22	3.14	7.91	245
Feb.	2.86	3.73	3.65	9.19	257
Mar.	3.58	4.12	4.01	10.11	314
Apr.	4.54	4.67	4.54	11.45	343
May	5.33	5.06	4.92	12.40	385
June	5.28	4.83	4.69	11.83	355
July	4.88	4.54	4.40	11.10	344
Aug.	4.44	4.40	4.28	10.78	334
Sep.	3.98	4.35	4.23	10.67	320
Oct.	3.20	4.02	3.93	9.91	307
Nov.	2.35	3.26	3.18	8.01	240
Dec.	2.06	3.04	2.95	7.45	231
Year	3.73	4.10	3.99	10.07	3676

Load Project	Save	Print	Cancel	OK ✓

附图35 初步设计计算结果3

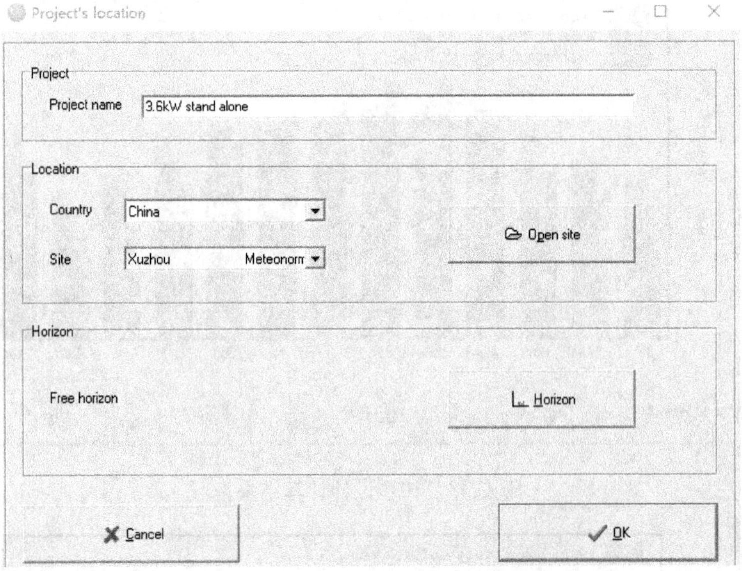

附图36 项目名称及地理位置的选取

参考附图 16 所示系统设计界面，单击 System 按钮，进行系统参数设置，如附图 37 离网光伏系统方位角、倾角设置界面所示。方位角一般取 0°。单击倾角最大优化按钮 Show Optimisation，进入附图 38 倾角最大优化选项界面，离网光伏系统默认选择冬季最优，调整倾角使 FT 值最大，损失比最为 0。单击 Next 按钮进入，离网光伏系统参数设置界面，如附图 39 所示，可设置负载用电器的数量、功率及每天使用时间。单击 Week-end use ☑ Use only during 7 days in a week 选项，完成每个星期使用天数。单击 OK ✓ 按钮返回独立光伏发电系统主设计界面。

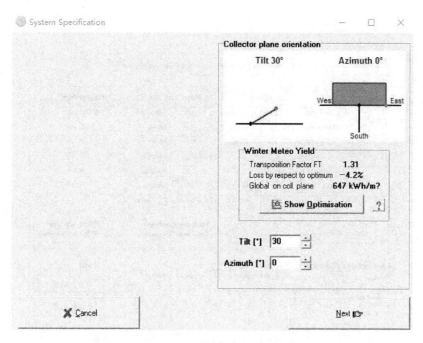

附图 37　离网光伏系统方位角、倾角设置

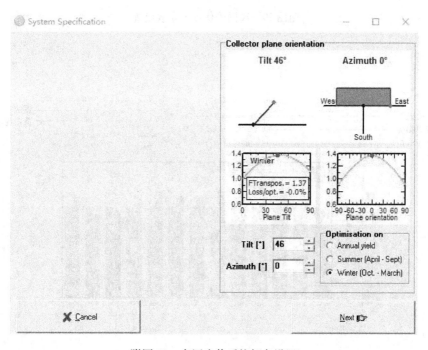

附图 38　离网光伏系统倾角设置

单击 [Results] 按钮进入计算结果页面，如附图 40 和附图 41 所示，可调整自给天数、负荷率损失、蓄电池电压（系统电压）等参数。

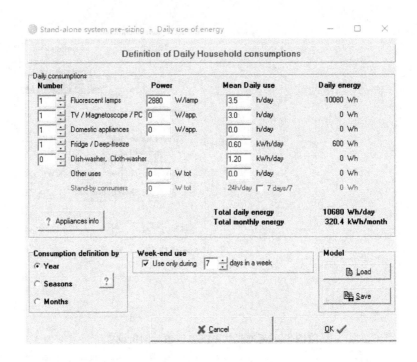

附图39　离网光伏系统参数设置

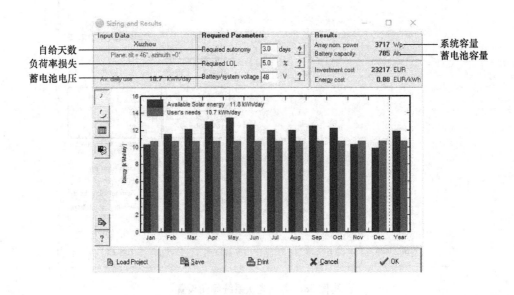

附图40　独立光伏系统设计结果1

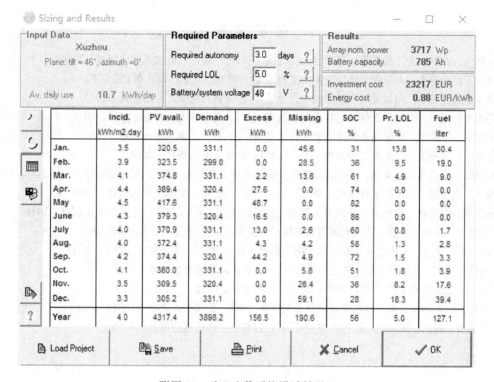

Sizing and Results								— □ ×

Input Data
Xuzhou
Plane: tilt = 46°, azimuth = 0°
Av. daily use 10.7 kWh/day

Required Parameters
Required autonomy 3.0 days ?
Required LOL 5.0 % ?
Battery/system voltage 48 V ?

Results
Array nom. power 3717 Wp
Battery capacity 785 Ah
Investment cost 23217 EUR
Energy cost 0.88 EUR/kWh

	Incid.	PV avail.	Demand	Excess	Missing	SOC	Pr. LOL	Fuel
	kWh/m2.day	kWh	kWh	kWh	kWh	%	%	liter
Jan.	3.5	320.5	331.1	0.0	45.6	31	13.8	30.4
Feb.	3.9	323.5	299.0	0.0	28.5	36	9.5	19.0
Mar.	4.1	374.8	331.1	2.2	13.6	61	4.9	9.0
Apr.	4.4	389.4	320.4	27.6	0.0	74	0.0	0.0
May	4.5	417.6	331.1	48.7	0.0	82	0.0	0.0
June	4.3	379.3	320.4	16.5	0.0	86	0.0	0.0
July	4.0	370.9	331.1	13.0	2.6	60	0.8	1.7
Aug.	4.0	372.4	331.1	4.3	4.2	58	1.3	2.8
Sep.	4.2	374.4	320.4	44.2	4.9	72	1.5	3.3
Oct.	4.1	380.0	331.1	0.0	5.8	51	1.8	3.9
Nov.	3.5	309.5	320.4	0.0	26.4	36	8.2	17.6
Dec.	3.3	305.2	331.1	0.0	59.1	28	18.3	39.4
Year	4.0	4317.4	3898.2	156.5	190.6	56	5.0	127.1

Load Project	Save	Print	Cancel	OK

附图 41 独立光伏系统设计结果 2

参 考 文 献

[1] 詹新生，吉智，张江伟，等. 光伏发电工程技术 [M]. 北京：机械工业出版社，2014.

[2] 李安定，吕全亚. 太阳能光伏发电系统工程 [M]. 北京：化学工业出版社，2012.

[3] 廖东进，黄建华. 光伏发电系统集成与设计 [M]. 北京：化学工业出版社，2013.

[4] 冯垛生，王飞. 太阳能光伏发电技术图解指南 [M]. 北京：人民邮电出版社，2011.

[5] 王长贵，王斯成. 太阳能光伏发电实用技术 [M]. 北京：化学工业出版社，2011.

[6] 任新兵. 太阳能光伏发电工程技术 [M]. 北京：化学工业出版社，2012.

[7] 杨贵恒，强生泽，张颖超，等. 太阳能光伏发电系统及其应用 [M]. 北京：化学工业出版社，2011.

[8] 谢建，马勇刚. 太阳能光伏发电工程实验技术 [M]. 北京：化学工业出版社，2010.

[9] 崔容强，赵春江，吴达成. 并网型太阳能光伏发电系统 [M]. 北京：化学工业出版社，2011.

[10] 冯垛生，张淼，赵慧，等. 太阳能发电技术与应用 [M]. 北京：人民邮电出版社，2009.

[11] 冯垛生，王飞. 太阳能光伏发电技术图解指南 [M]. 北京：人民邮电出版社，2011.

[12] 杨旸，郑军. 光伏发电系统施工技术 [M]. 北京：高等教育出版社，2011.

[13] 刘靖. 光伏技术应用 [M]. 北京：化学工业出版社，2011.

[14] 李钟实. 太阳能光伏发电系统设计施工与维护 [M]，北京：人民邮电出版社，2010.

[15] 张清小，葛庆. 光伏电站运行与维护 [M]，北京：中国铁道出版社，2016.